海洋生物学マニュアル

海洋生物学マニュアル

村山 司・野原健司・庄司隆行・田中 彰 編著

東海大学出版部

Manual of Marine Biology

Tsukasa MURAYAMA, Kenji NOHARA, Takayuki SHOJI and Syou TANAKA, 2019
Published in 2019 by Tokai University Press
Printed in Japan
ISBN978-4-486-02112-4

はじめに

　地球上の7割を占める海．その海では，さんさんと陽の光が降り注ぐ浅瀬や入り江から，光の届かない暗黒の世界である深海底まで，様々な生物が暮らしている．

　生物が生息する空間を見ると陸と海では大きな違いがある．陸上では生物のほとんどが1000 mほどの高さまでの範囲に密集して暮らしているのに対し，海ではその約100倍の広さ，すなわち海面から，深さ1万mの深海までのすべての空間に生物が生息している．

　こうした海の中では様々な生の営みが繰り広げられている．地球上の生物の1次生産量の半分が海で作られ，それを，顕微鏡でなければ見えないような微小な生物からサメやクジラのような大型の生き物までが色々な形で利用している．

　一方，そうした生物たちの暮らしはその周囲を取り巻く複雑な環境によって支えられている．塩分，水温，酸素，光……そのほかにも種々の物理的・化学的な因子がそこに生息する生物に大きく影響している．

　生物にとっては，自らを取り巻く環境と複雑に影響し合ってその暮らしぶりが決まっていく．それが「生態」である．つまり，それぞれの生物にはそれぞれの環境があり，そしてそれぞれの生態がある．

　環境と生物が織りなすこうした複雑な生態を把握することは，海の生き物のみならず，海そのものを知り，そして海全体を保全することに繋がっている．環境のわずかな変化がひいては生物の生命を脅かすことにもなりかねない．昨今の海洋環境汚染，地球温暖化がそのよい例である．

　しかし，生態を把握することは決して容易なことではない．それぞれを構成する様々な要因を1つずつ調べ，理解していくことからはじめなければならない．そしてそれぞれの結果を構築し，全体を科学的に概観することによって1つの生態系を理解できることになる．

　本書は海洋生物を学ぶ初学者を主な対象とし，上述したような海の生態系を形作る様々な要因を1つずつ探っていくための調査・実験を理解してもらうことを目的と考えている．しかしながら，大きな海を背景にすべてのことができるわけではない．そこでここでは，これから海洋生物とそれを取り巻く環境の研究に取り組もうとする初学者が一通りは知っておきたい基本的なことに限って取り上げている．

　本書は全体が2部からなる構成である．

　はじめの2つの章は総論として，海をつくる様々な物理的，化学的な要因について概説し，更にその海に暮らす多様な生物の特性を紹介している．

　それら以降の章は各論として，大学における講義としての実験・実習を前提とした内容を取り上げている．限られた時間内で実施が可能な内容のものについては，海洋生物に関する実験・実習に際して本書が何らかの手助けになれば幸いである．

　また，時間的・空間的に考えて，やや講義としての実験や実習を越える内容については，海洋生物に関する研究を行ううえでは重要な部分も含まれているので，今後の研究活動などの参考・指標としてもらえればうれしい．

　なお，大学で理系の生物関係の分野を専攻する場合，いわゆる教養教育の段階で基本的な生物学の実験を履修するのが普通である．従って，解剖道具やノギス，顕微鏡などの器具・機材の使い方，スケッチの仕方といった基本的なことはそうした機会に経験・履修されると思われるので，本書では割愛した．

目 次

はじめに ———————————————————————————————————— v

総 論 ———————————————————————————————————— 1
1. 地球のかたち，海のすがた ———————————————————— [村山 司]…… 3
2. 海洋生物とは ———————————————————————————— [田中 彰]…… 14

各 論 ———————————————————————————————————— 27
1. 沿岸域における生態学的調査法 ———————————————— [大泉 宏]…… 29
2. 野外調査：プランクトンの定量採集 —————————————— [西川 淳]…… 32
3. 実験室における動物プランクトンの定量 ———————————— [西川 淳]…… 35
4. 採水とクロロフィル濃度測定 ————————————————— [堀江 琢]…… 37
5. ベントス調査 ———————————————————————————— [大泉 宏]…… 39
6. 無脊椎動物の形態観察 ———————————————————— [田中克彦・西川 淳]…… 42
7. ウニの発生 ———————————————————————————— [田中克彦]…… 48
8. 底質の全硫化物濃度測定 —————————————————— [田中克彦]…… 51
9. 化学的酸素消費量 COD (Chemical Oxygen Demand) ——— [堀江 琢]…… 53
10. 全リンの測定 ——————————————————————————— [堀江 琢]…… 55
11. 魚類の標本作製 —————————————————————————— [中山直英]…… 57
12. 魚類，真骨魚類，軟骨魚類の形態観察 ———————————— [堀江 琢]…… 62
13. 魚類の再生産：生殖腺の観察 ————————————————— [村山 司]…… 67
14. 魚類卵巣卵の卵径組成 ——————————————————— [村山 司]…… 69
15. 年齢査定と成長 —————————————————————————— [田中 彰]…… 71
16. 分子生物学実験の基礎：DNA クローニング ————————— [野原健司]…… 76
17. DNA による種・個体群判別 ————————————————— [野原健司]…… 79
18. 市場調査：漁獲物の調査準備と方法 —————————————— [堀江 琢]…… 84
19. 付着板を用いた生物群集の解析 ——————————————— [田中克彦]…… 86
20. 野外での行動や生態の観察 ————————————————— [赤川 泉]…… 88
21. 繁殖行動実験 ——————————————————————————— [赤川 泉]…… 91
22. 摂餌実験 ————————————————————————————— [赤川 泉]…… 94
23. 魚類嗅覚行動の観察（1）野生魚を用いた実験 ———————— [庄司隆行]…… 96
24. 魚類嗅覚行動の観察（2）モデル魚を用いた実験 ——————— [庄司隆行]…… 99
25. 魚類嗅覚応答の測定：魚類嗅覚器の嗅電図（EOG）測定 ——— [庄司隆行]…… 101
26. 神経線維の可視化：魚類嗅神経の蛍光色素染色によるトレーシング ———— [庄司隆行]…… 106
27. 実験データの活用方法 ——————————————————— [大西修平]…… 109

おわりに ———————————————————————————————————— 115

総論

1. 地球のかたち，海のすがた ────── 村山　司

1. 地球の構造

地球は半径約 6400 km の南北にやや扁平な楕円体をしている．地球は地圏，気圏（大気圏）そして水圏から構成されている．

地圏の構造（図 1）は，中心部には鉄やニッケルなどの非常に重い物質を主な成分としている半径約 3500 km の核があり（核は更に固相の内核と液相の外核に区分される），その外側にはカンラン石のような重い岩石からなる厚さ半径約 2900 km のマントル（これも固相と液相からなる），そしてその上部，すなわち地球表層面には厚さ約 5〜35 km の地殻が存在している．この地殻にはアイソスタシーが成立しているため，大陸部分では厚さ約 35 km と厚く，特に山岳部では約 60 km ほどにもなる場所もあるが，海では厚さは約 5 km ほどしかない．地球の表層部には十数枚からなるプレートとよばれるものがあり，地殻はそれらのプレートの上に載っている状態である．プレートは 1 年に 1〜15 cm ほどの速度で移動しており，それにより海底の様々な地形が形作られ，また，複雑な地震活動などに影響をおよぼしている．

気圏（大気圏）は地表面から対流圏，成層圏，中間圏，熱圏からなっているが，対流圏は緯度によりその範囲（高さ）が異なり，極域で低く（高さ約 6 km），赤道で高く（高さ約 18 km），そして中緯度では 12 km 程度の範囲となっている．この対流圏では空気の対流が生じており，それによって様々な気象現象が起き，これが海の環境にも大きく影響を与えている．気圏には窒素が最も多く，ほかに酸素，アルゴン，二酸化炭素，オゾン，水蒸気など多くの気体が存在している．対流圏の上限，成層圏との境界部には幅 100 km，厚さ数キロメートルで風速が 30 m/秒のジェット気流が流れている．

気圏は水分子が凝集した厚さ 50 μm の海面ミクロ層で水圏と分けられている．

2. 海のすがた

水圏，それは水で覆われた世界である．

地球が誕生した当初はかなり高温だったため，地表の水分は蒸発して上層で雲を作り覆っていたが，やがて地球の冷却とともに雨として地表に降

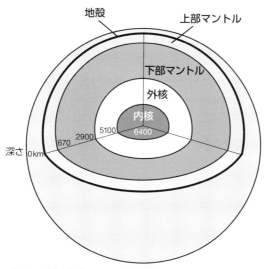

図 1　地球の構造
数字は地表面からの深さを表わす

り，強い酸性（pH3-4）を呈する原始の海ができあがった．その海はやがて地球の岩石と反応して中和され，また，大気中の二酸化炭素が溶け込みカルシウムと反応して炭酸カルシムが生成され，その結果，海水は弱アルカリ性となり，安定していった．他の惑星と異なり地球にのみ海があるのは，太陽からほどよい距離であったため高温にも低温にもなりすぎず水の状態で存在できたことと，地球の大きさ（直径）が水を留めておくのに適当な重力を有した結果と考えられている．

地球の表面積は約5.1億km^2であるが，その約71％が海である．地球の表面に存在する水の97％が海にあり，残りは湖沼，河川，地下水，氷雪などである．しかし，そもそもこうした海の水は地球にある水の全貯蔵量の10％にすぎない．水の大部分が地殻とマントルにある鉱物に化学的に結合された状態で存在している．北半球と南半球では陸と海の割合は異なり，北半球では陸：海が2:3，南半球では1:4と，南半球では海が非常に大きな面積を占めている．

海の平均水深は約3800mであるが，場所によって深さは様々に異なっている．最も深いのはマリアナ海溝のチャレンジャー海淵の−10911mである．

陸地は最高で高さ8848m（エベレスト山）まで存在するが，生物が存在できるのはせいぜい5000mくらいまでで，しかもほとんどの生物が生息しているのは1000m以下のところである．これに対して，海は数千メートルの深さまでのすべての空間に生物が生息しており，陸上（空気中）に比べて，海は100倍も生息環境が広い計算になる．

こうした広大な海は多くの海に区分されているが，いわゆる5大洋とよばれるのは太平洋，大西洋，インド洋，北極海，南極海である（太平洋と大西洋を南北に分け，全部で「7つの海」と称することもある）．このうち最も広い太平洋は平均水深3940mで，その面積は縁辺の海を含むと地表面の35％を占め，他の4つの大洋をすべて合わせたほどの水量を有している．大航海時代に最初に世界一周を果たしたマゼランが，海がとても静かであったことからこの海を「平和な海」とよんだことが「太平洋」という名前の由来である．

2番目に大きいのは大西洋（平均水深3575m）で，面積は全体の16％と，太平洋の約半分である．3番目はインド洋（平均水深3840m）で，海全体の14％を占める．その次は南極海で，世界最大の海流「南極周極流」が流れている．最後は北極海であるが，北極海には陸地は存在しない．

海底地形

海の中（海底）は平坦ではなく，様々に変化に富んだ凹凸や起伏の激しい地形をしている．それらを区分していくと，以下のようになっている（図2）．

1）大陸棚

大陸棚は沿岸から始まる深さ200mまでの地形で，なだらかな（傾斜角0.5°）浅瀬状の形状をしている．氷河期の海岸地形が浸食により平坦になり，それが海面下へ沈降してできた地形である．大陸棚の幅は平均78kmであるが，北アメリカ大陸から南アメリカ大陸にかけては幅が数キロメートル程度しかない海域もあるのに対して，北極海では1000km以上も沖合まで大陸棚が広がっている．大陸棚の面積は全海洋の7.5％にすぎないが，陸地から流れ込む水のおかげで栄養塩が豊富なため様々な生物が集まり，よい漁場になっているところが多く，また水深が浅いことから海底資源を得やすく，沿岸国の開発が行われている．大陸棚は大陸棚外縁まで続いている．

2）大陸斜面

大陸棚外縁から先は急勾配で深くなっていく斜面となっている．その平均斜度は約4°で，大陸から海水によって運搬されてきた砂や泥などが堆積している．また，多くの大陸斜面では斜面のところどころにV字形の険しい海底谷（深さは最大で2km）が形成されている．大陸斜面の下部は水深2～3kmのところで終わっている．

3）海盆

大陸斜面が終わったところから先には海盆が広がっている．そこには平坦な地形から深く切り込まれた窪地，あるいは急峻にそびえ立つ山脈まで，様々な地形が見られる．

（1）深海平原（大洋底）

深海平原は勾配がほとんどない（斜度1°以下）平坦な地形で，地球上でどこよりも平らな場所で

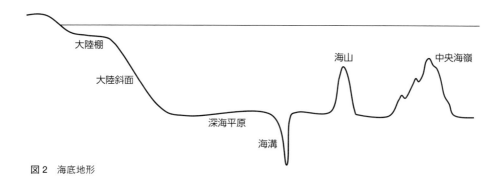

図2 海底地形

ある．水深は3000〜6000 m（平均約4000 m）であるが，全海底の約76%を占め，陸地由来の有機物や無機物の堆積物が大陸斜面や海底谷を通って運搬され，100〜1000 mの厚さで地殻を覆っている．

(2) 海溝

大洋底が深く落ち込んでいる地形が海溝である．海溝の長さは数千キロメートルにもおよぶが，幅は数十キロメートル程度である．ここは大陸プレートと海洋プレートがぶつかり合っている場所であるが，海洋プレートは大陸プレートより密度が高いため，海洋プレートが大陸プレートの下へ沈み込みこんでいる．この海溝では多くの地震が起きている．海溝の中で更に凹地になったところが海淵である．地球上で最も深いのはマリアナ海溝のチャレンジャー海淵で−10911 mの深さである．陸上で最も高いエベレスト山（8848 m）をここにそっくり沈めても，まだ海面まで2000 m以上もあることになる．

(3) 中央海嶺

すべての大洋に存在する海底山脈である．たとえば太平洋や大西洋の中央部では水深2500〜3000 mほどの深さにあり，海底からは数千メートルの高さでそびえたっている火山群である．中央海嶺はすべて連続して繋がっており，総距離が6万5000 kmにもおよぶ地球上最長の山岳地帯ともいえ，地球全体の8割の火山活動がここで起きている．中央海嶺は必ずしも海盆の真ん中にあるわけではない．しかしここはプレートの境界面であり，地球内部のマントルから上昇したマグマが冷却されて固まってきた火山群である．マグマは次々と湧き出てきてプレートに付加し，プレートを押し出すような形になるため，現在でも新たな海底が造り出されており，1年間に数センチメートル程度の速さで海嶺の両側に広がっている．そしてそれがやがて海溝部に到達し，地殻・マントルの中に沈み込んでいく．

太平洋の海底の年齢を調べると，中央海嶺付近が最も若く0〜500万年にすぎない．しかし海嶺から離れるにつれて海底の岩石は古くなり，たとえば，海溝のある日本近海では2億年となっている．こうしたことから海底が移動してきたことがうかがえる．しかし地球の歴史は45億年で，陸上で見つかっている最古の岩石は35億年前のものであることを考えると，海底の地形の年齢は遙かに若いものばかりである．このことは中央海嶺で産生された海底の岩石が2億年かけて海溝まで達し，そのまま地下へと沈み込み溶解されてしまっていることを物語っている．

(4) 海山

深海底にある孤立した山が海山である．マントルの局所的な吹き出し口として形成され，多くは火山で，死火山もあれば，活火山もある．周囲から1000 m以上もそびえたっているが，それでも頂上は海面下（数百から数千メートル）である．山腹や山頂は懸濁物食の動物が密集し，深海底とも異なる特殊な生態系が築かれており，海山は多くの生物を支える生産性の高い場所である．

海山の中で山頂部が平坦になったものをギョーとよぶ．これは火山島が波によって浸食され，山頂が平らになったあと海面下に沈降した地形である．

(5) 熱水噴出孔

海底には地下から熱水が噴出している箇所があ

る．海底の岩の割れ目や断層から海底に浸み込んだ海水がマグマの熱で温められ超高温の熱水となり，硫化水素などを含んで蓄積されていく．それが海底の高圧によって押し出され，海底の割れ目などから噴き出したものである．噴出口での水温は200℃から400℃ほどの高温になっている．地上では水の沸点は100℃であるが，海底は高圧力なうえ，塩分や重金属類が溶解しているため，空気中とは異なり高温な水となっている．こうした熱水は数十メートルにもなる煙突（「チムニー」とよばれる）のようなところを通って噴き出されているところもあるが，噴出される水には硫黄化合物が多く含まれるため真っ黒な色をしている．

これらの熱水噴出孔は世界中の海底に見られるが，大部分は海嶺に沿って点在している．噴出孔の周辺には嫌気性の生物が生息しているが，どの海域の噴出孔でもほぼ同じ種類で，海域差は見られない．光の届かないこの海底では光合成は不可能で，代わりに化学合成細菌（微生物）による化学合成が行われている．噴出する水の中には硫化水素，メタン，重金属などが含まれるが，化学合成細菌（微生物）によって噴出口からの水に含まれる硫化水素が分解されてエネルギーが作られ，海水中の二酸化炭素から有機物が合成されている．噴出口の周辺には化学合成をする生物のほか，チューブワームやシロウリガイなど，その有機物を利用する生物，更には食物連鎖で集まってきた多様な生物が生息し，陸上の熱帯雨林にも匹敵するような生態系を作り上げている．また，そうした生物たちの中には化学合成細菌（微生物）を自らに共生させているものある．

(6) 海台

頂上が平坦な海底の隆起した地形で，大陸性の地殻からなる．海底の移動や火山活動の結果残存したものや断層によって沈降した結果のものなど，成因は様々に考えられている．日本海中央部の大和堆は屈指の好漁場になっている．

海流

海では海水が静止しているのではなく，絶えず流れている．そうした流れは様々な潮流や海流となって広く地球的規模で存在している．

海流は駆動する力によって表層流と深層流に分けることができる．表層流は海面の浅いところを流れるもので，深層流は海底深いところを移動していく水の流れであるが，それぞれ流れを引き起こす駆動力が異なっている．

1）表層循環

普通「海流」というと，こちらを指すことが多い．表層流はその上空を卓越して吹く風によって引き起こされるが，ただし，それは海洋全体の容積の10%の水にのみ起こっているにすぎない．このほか，海水の密度差も海流の駆動力の1つである．

海流は赤道を挟んでその南北でほぼ対称的な動きの流れを見せている．すなわち，北太平洋や北大西洋に存在する海の流れの渦は時計回りをしており，南太平洋，南大西洋などに見られる南半球の渦は反時計回りとなっている．

ほとんどの表層流は1年を通してほぼ同じ方向に流れるが，その速さはまちまちである．たとえば，「世界の2大海流」とよばれる黒潮やメキシコ湾流は最大で秒速2m超える流速になる．黒潮，メキシコ湾流，ブラジル海流，東オーストラリア海流，フォークランド海流，ソマリア海流などの強い海流は大洋の西側に多く見られることから，西岸境界流とよばれている．南極では東向きの南極周極流が存在するが，幅が広く，流れは深いところまであるので，流量は世界最大である．

2）潮流

潮汐に伴って水平方向に海水が運動するのが潮流である．海流は一方向に一定に流れるのに対し，潮流は干潮と満潮に応じて生じる流れであるため，流れる方向は変化する．

3）深層海流（深層循環）

表層循環による海流に対して，深さ2000～4000mの深海を移動する海水の流れがある（図3）．この流れはどのようにしてできるのだろうか．

グリーンランド南方ノルウェー沖ではメキシコ湾流が運んできた高塩分の海水が冷やされ，更に北極海では海水だけが凍るので，押し出された塩分がそれに混ざり，塩分の高い，冷たく重い（密度の大きい）水が形成される．そしてそれが毎秒1500万tという速さで深海へと沈降していく．このとき，表層面で海水中に溶け込んだ豊富な酸素も一緒に深海へと運搬されていく．沈み込んだ水

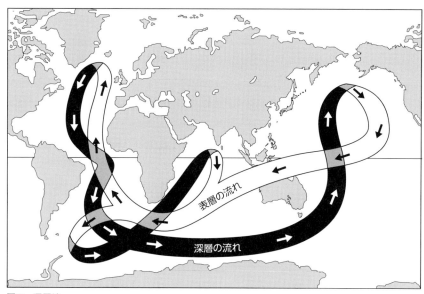
図3 深層流

はやがて深海に達し,深層流としてゆっくりとした速さで大西洋からインド洋に向けて移動していく.北太平洋の寒冷な海域でも同様に海水が冷やされ重くなるが,北大西洋の海水に比べ塩分濃度が低く,水深も浅いため,大西洋で起きているような海水の沈み込みは生じない.一方,南極でも同じように冷たくて重い,高塩分の水が毎秒3000万tというスピードで海底に向けて沈み込み,南極底層水として底層へ広がっていく.ノルウェー沖で形成された深層流はこの南極底層水の一部を交えながらインド洋に達する.そしてここで一部は湧昇して表層へ出る.しかし,底層を流れ続ける冷たい水は太平洋へと向かい,北太平洋で表層面へ湧昇する.なお,この湧昇では水中の必須栄養塩が一緒に有光層へと運搬・供給される.これを植物プランクトンが利用し,更に増殖した植物プランクトンが基点となり,より上位の栄養段階の生物が利用していくことで生物が多く集まり,この海域では1つの生態系ができあがっている.

湧昇した水は,その後は温かい水となり,表層流として太平洋からインド洋(ここでインド洋で湧昇した海水と合流する)を経て北大西洋へと向かい,北極海付近へと戻り,再び沈降していく.

このように海の水は地球的規模で循環していると考えられており,これを「コンベアベルトモデル」とよんでいる.この深層流は海水の密度が駆動力となっており,冷たく重い海水が沈み込むことで水が先へ押し出されることにより形成される流れであり,1秒間に数ミリメートルから数センチメートルというゆっくりした速さで流れている.その流量はアマゾン川の100倍以上という莫大な量になっている.海水中の放射性同位体(^{14}C)と安定同位体(^{12}C)の比を測定することにより海水の年齢(正確には大気と接しなくなってからの時間)を推定することができる.それによると,北大西洋北部の深層水が一番若く,太平洋北部の中層の水が一番古い2000年であることがわかった.つまり大気と接触を断ってから2000年を経ていることになり,海水は約2000年かけて一周していると考えることができる.

4)日本近海の海流

日本の沿岸には大小合わせると10を超える海流が流れている(反流を含む).そのうちで最も顕著なものが黒潮である.黒潮は日本の南岸を流れる暖流で南方の海水を含んでいる.南方の海水にはプランクトンが少なく水が澄んでいるため,入射した太陽光は海水に吸収され黒ずんで(深い藍色)見えることが名前の由来である.黒潮は最大流速が2m/秒と,非常に流れが速い.流量も多く,日本で最大の流量を誇る信濃川の8万倍の

量である．黒潮を挟んで水温が急変し，南側で温度が高く，北側では低いという構造になっている．また，時々流路が蛇行を起こすことが知られ，それにより冷水渦が出現し，流れやその周辺の水温分布が変化して日本の気候や沿岸の漁況に大きな影響をおよぼしている．

対馬海流は日本海を北東に流れる暖流である．その流量は黒潮の1/10程度で，また不連続な流れを呈する．冬季には温かい対馬海流により降雪のための雲に熱量を与えて発達させることから，冬の日本海の気候（降雪）に大きな影響をおよぼしている．

北海道から東北東岸に向かって流れているのは寒流の親潮である．流速は最大で0.5 m/秒ほどであるが，流れが深く幅も広いため，黒潮の数分の1ほどの流量がある．プランクトンなどの生育に必要な栄養塩が多く含まれ，魚介類や海藻類を育む親のような存在というのが名前の由来である．

こうした海水の流れは生物にも大きな影響を与えている．たとえば春から夏にかけて北上するカツオは，黒潮の張り出し具合によって北上の範囲も左右されている．クロマグロは沖縄近海で産卵後，黒潮に乗り日本沿岸を離れてカリフォルニア沿岸へ向かい，再び北赤道海流に乗って日本近海に戻ってくるとされている．また，近年産卵場所が特定されたニホンウナギも，グアム島西方の海山付近で産卵・孵化後，仔稚魚は北赤道海流に乗って西進した後，黒潮に乗り換えて日本沿岸までやってくることがわかっている．

水圧

地表面には1気圧，すなわち1 m^{2}当たり1 tという重さの圧力がかかっている．水の場合は，水深が10 m深くなることに1気圧ずつ水圧が増していく．この計算で行くと，深海底は非常に高い水圧になっており，たとえば水深3000 mでは30気圧，世界一深いチャレンジャー海淵では100気圧を超す水圧になっている．こうした深海を調査するには，いわゆる深海調査船が利用されるが，高い水圧に耐えるために調査船はチタン合金などの物質で作られている．

そういう水圧の高い場所にも生物は生息している．そのため，深海の大きな圧力を受けるための仕組みが備わっている．たとえば，浮力調節は水の中の動物にとって浮いたり，移動したりするための重要な機能であり，ウキブクロがその役目を果たしている．しかし，そのような高圧下ではウキブクロは破裂してしまう．そこで深海底の生物はウキブクロに空気の代わりに高圧下でも収縮のしない油を満たしているものもいれば，そもそもウキブクロを持たないものもいる．イカは体内に海水より軽い塩化アンモニウムをためて浮力調節をしている．

更に高圧下になると，体を組成しているタンパク質が変質し種々の反応を媒介している酵素が正常に機能しなくなるため，そのような環境に生きる生物には高圧下でも構造の変わらない酵素を持っているものもあると考えられている．

光

海の届く太陽の光は反射される光も多いが，入射した日射の50％は赤外線で，表層の数メートルで吸収され熱に変わり，海水を温めるのに利用される．

残りの50％は可視光であるが，徐々に水分子に吸収されていく．可視光で最も波長の長い赤色光は水面下数メートルで吸収され始め，最大でも水深10 mで1％まで減衰してしまう．その他の光は波長の長い順に吸収され，青と緑が最後まで残る．こうした特性に加え，水の分子自体は短波長の光を散乱させやすいので，海に潜ったときに周りが青く見えるのはそのせいである．

海に生息する様々な植物たちも可視光を利用して有機物の合成を行っている．光が届くのはせいぜい水深150〜200 m程度までで，可視光の青から緑が最も深くまで到達するが，そうした光が光合成に利用されている．ただし，それでも水深150 mでは1％程度になってしまう．

しかし水深が深くなるほど光は減衰するため，光合成も行われなくなり，酸素の産生も減少してくる．その一方で，常時，植物は呼吸をして酸素を消費している．光合成による酸素の生産量と呼吸による酸素の消費量が等しくなる深さがあり，その深度を補償深度とよんでいる．補償深度では太陽光は1％まで減衰している．補償深度より浅い部分は有光層，深い部分は無光層とよばれる．

補償深度は一定ではなく，光の透過具合（透明度）によって変動する．すなわち，水中の懸濁物質等（浮遊している微粒子や微小な生物とその遺骸や糞など）により透明度が変化するのに応じて有光層の厚さ，補償深度は変化する．透明度は直径30 cmの白い板（透明度板）を海中に垂下し見えなくなったときの深さをメートルで表わしたものである．有光層はおおむね透明度の2～3倍の値となっている．ちなみに中緯度層の海はプランクトンが多く，水の透明度が落ちるが，熱帯の海はプランクトンが少ないため，水が澄んでいる．黒潮のような清澄な海水では透明度は20～30 mで補償深度は70 mほどで，親潮では補償深度は45 mである．しかし，汚れた湾などでは補償深度は10 m以下，時には1 mにも満たないこともある．

こうして見てみると，有光層は海水のごく表面にすぎないことがわかり，海水の大部分は無光層であることがわかる．そうした暗黒の海では発光生物が発する弱い光だけが存在している．ちなみに，そのような光の乏しい環境に生息する生物には体色が赤いものが少なくない．それは赤が吸収される世界では体が黒く見え，保護色となっているからである．

水中の懸濁物質の多寡は水の色にも関係する．海水自体は上述のように赤色を吸収しやすいが，懸濁物質は赤色より青色を吸収しやすい特性がある．従って，大洋の真ん中の水のきれいな海域や黒潮のような清澄な海水では懸濁物質も少ないため水の色は青であるのに対し，沿岸の岸近くや湾などでは様々な物質が流入しており，そうした多量の懸濁物質の反射によって水は赤みがかった褐色や黄色い色を呈している．

水温

海水の温度は海そのものだけでなく，地球の気象現象や気候にも大きく影響する．海水の温度変化がその上空の大気に大きく影響するためである（たとえば台風は高い海水温によりエネルギーを得て発達し，日本にも大きな影響をおよぼす）．

また，水温の変動はそこに生息する生物の生命現象をも大きく左右することになる．

1）海水を温める要因

海水が温まるにはいくつか要因がある．

まず，水温の変動に関わる最も主要なものは海面における熱収支で，その熱量は $1.2×10^5$ cal / cm^2 / 年である．このほかの海水の温度の変動に関与する因子としては，地熱によるもの（約 40 cal），砕波による熱エネルギー（約 4 cal）および海水中の化学反応（ほとんど0に近い）などがあるが，最大は海面の熱収支であり，海水の水温は基本的に海面の熱収支で決まる．表層の熱収支は太陽光を熱源とする作用であるが，海面下1 mで太陽光に含まれる赤外線の98％が吸収されて熱に変わるため，海面付近が最も高温になる．しかし，太陽放射は緯度によって異なり，赤道付近で最も強いため水温が高く，緯度の増加に伴って受け取る日射量は減少し，極域は最小のため低温になる．このように海水の等温線はほぼ緯度と平行になる．

2）水温分布

陸地は，暑いところでは50℃にもなり，寒いところでは氷点下数十度（これまでの最低記録は－94℃）まで低下し，気温の変動幅が極めて大きい．これに対して海洋は陸地と比べ温度の変動は穏やかで，熱水が噴出する水域や火山周辺などをのぞいて，最高でも30℃ほどまでで，低温では－2℃で結氷する．

水温の水平方向の分布を見てみると，中緯度から低緯度にかけて層状構造が見られる（図4）．すなわち，太陽放射の強い低緯度海域では，表層面は高温になっており，その下は水深1000 mほどまでは層状に温度が低下している．しかしそうした層構造は海全体ではごく一部であり，それ以下の水深，つまり海洋全体のほとんどが4℃より低い水で占められている．赤道直下でさえ，表層を除けば氷点に近い水温なのである．

鉛直方向の水温変化を見てみると，原則的には水温は水深とともに低下していき，約600 mを超えたあたりからは約4℃で，ほぼ一定になる．しかし，こうした水温の変動には緯度による違いが見られる（図5）．

まず，熱帯（低緯度）の海では表面水温が25℃を超えるところが多い．そして水深10 mから100 mほどまでは温度が均一な層が形成されてい

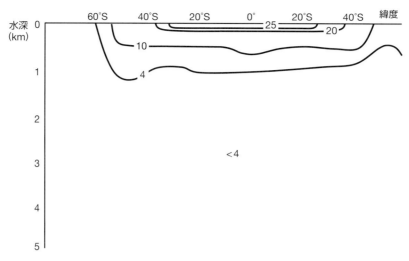

図4 緯度別の水温分布（数字は水温〔℃〕）

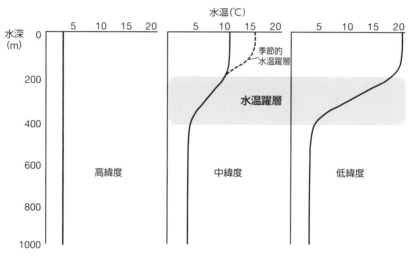

図5 鉛直方向の水温分布

る．これは表面混合層とよばれるが，上空を吹く風によって海水がその深さまでかき混ぜられ，温度が一様になっているためである．

中緯度では，冬季には数メートルから数百メートルにわたって表面混合層が形成される．しかし，中緯度層では四季があり季節によって太陽高度が変化することから，海面で受け取る熱量も変動する．このため，春から夏にかけては日射が強くなるのに伴って海面温度が上昇し，また，上空を吹く風も弱くなるため，海水の混合が起きにくくなり表面混合層が消失する．そして代わりに，水温が水深とともに変化する水温躍層が季節的に出現するようになる（おおむね水深40〜100 m）．

熱帯域や中緯度域の表面混合層の下には急激に温度が低下する層（永年水温躍層）がある．この層では密度も急激な変化をしており，この水温躍層は温度や密度の境界的役割を担っている．この躍層より浅いところは温かくて低密度の海水で，躍層より深いところは冷たく高密度の海水になっている．そして，この躍層を超えると，水温は低温（4℃以下）でほぼ一定となり，季節変化もなく安定した状態になっている．

高緯度は水深が変化しても水温は大きな変動は見せず，表層から深層まで一定の上下混合が生じ

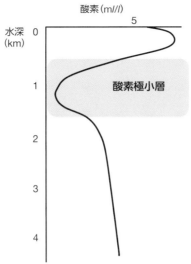

図6 鉛直方向の酸素分布

3）水温と生物

水温は生物の生息にも大きく影響する．海洋生物のほとんどは変温動物であり，その体温は生息している周囲の水温と一致している．そして水温とともに体温が変動する．一方，鯨類や海鳥類のような一部の海洋動物は体温が一定の恒温動物である．

大きな温度変化の環境で生息している広温性の動物は，一般に分布範囲も広い．しかし，水温の変化に耐えられる範囲は種によって大きく異なる．また同じ種でも，成長段階によって耐えられる温度変化の幅が異なる．一般に仔稚魚や幼生のほうが親よりもわずかな温度変化に敏感で，生き残れないこともある．

温度は生物の行動や成長に関与するが，海洋動物の行動は水温の上昇とともに活発になる傾向がある．温度の上昇により細胞内の酵素活性や種々の化学反応が活発になるためである．一方，水温の低い極地の海などでは生物の成長が遅く，繁殖頻度も少なく，寿命が長い．また，この海域は栄養塩も多いため，多くの藻類が生息している．このように温度の変化は生命活動に深く関わっている．

酸素

海水中にも酸素が存在するが，その量は空気中に比べればかなり少ない．大気中では20℃で1l当たり約210 mlの酸素が含まれているのに対し，海水には1l当たり5.4 mlほどしか含まれていない．しかし，酸素は気体であるので冷たいほど水に溶けやすく，0℃の海水では約8 mlという溶存酸素の量である．

酸素の鉛直方向の分布には明瞭なパターンが見られる（図6）．海水の表層面では溶存酸素が多く，ほぼ飽和状態である（5 ml/lを超えるほどの溶存酸素がある）．これは，海面は大気からの酸素が海中に溶け込みやすいことと，表層面には植物プランクトンが多く，盛んに光合成が行われ酸素が大量に生成されているためである．ちなみに，推定によれば大気中の酸素の50〜70%が海水中におけるこうした植物プランクトンの光合成によるものである．

しかし，こうした豊富な溶存酸素は表層面に限られたことで，その下には酸素が急速に減少する酸素極小層が存在している（2 ml/l以下まで低下する）．この層は，深さは200〜1000 mに形成されることが多く，密度躍層とも一致している．この層では餌が十分にある密度躍層に集中した生物が行う呼吸によって水中の酸素が消費され，また，表層から沈降してきた有機物がバクテリアによって分解される際に酸素が使われている．更に，この層より浅いほうや深いほうでは水が安定しており海水の鉛直方向での混合が起こりにくいため，

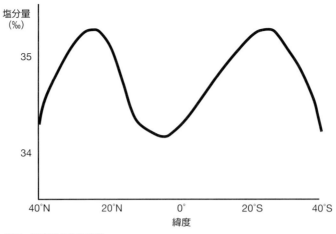
図7 緯度別の塩分変化

酸素の供給も少ない．こうしたことから酸素が減少して極小層となっている．

しかし，この層より深くなると，餌が少なくなることにより生物自体が少なくなり，酸素の要求量は減少し，一方，表層からは沈降してくるため，深さとともに酸素は増加していく（3〜5 ml/l に増加する）．

海洋底では上層から沈降してきた酸素が蓄積するほか，極域で沈み込んだ深層流によって運搬されてきた酸素も加わって，表層ほどではないにせよ，酸素が豊富な環境になっている．また，深海底では生物自体が表層ほど多くはないことと，そういう生物の代謝速度も遅いことから酸素消費量が少ないことも海底の酸素が維持される要因である．

密度

海水は塩分量に応じて密度は変化するが，温度が低いほど密度は大きく，塩分が高いほど密度は高くなる．深海では圧力が増すため密度は高くなる．すなわち，密度は温度，塩分，圧力の関数で決まる．

水平方向を見てみると，外洋は塩分変化が小さく水温変化が大きいため，密度分布は水温分布と一致する．沿岸部は，逆に陸水の流入が多く，塩分変化が大きいため，密度分布は塩分分布と対応している．

鉛直方向では，海洋の密度構成は表層，躍層，深層からなっている．表層は温度が高いため密度が小さい（軽い）．しかし，極域では表層水が冷やされ高密度となるため，深層へ海水が沈み込んでいる．

表層と深層の間には密度が急変する密度躍層という層があり，温度躍層と一致している．

深層は極域で冷やされた高密度の海水が海底に沈み込み，底層を流れていく（深層流）．

塩分

海水は塩辛い．これは海水中に含まれている塩分のためであるが，その動態はどうなっているのだろうか．

1）塩分とは

海水中には様々な塩が含まれている．主なものは Cl^-，Na^+，SO_4^{2-}，Mg^{2+}，Ca^{2+}，K^+ などである．海水中の塩分の定義は海水1 kgに含まれるそうした塩の総量を千分率（‰）で表したものである．しかし，海水中の塩分を直接測定することは困難であるため，海水中の塩素量からクヌーセンの式（$S = 1.81 \times Cl$．S：塩分，Cl：塩素量）によって塩分量に換算していた．近年では海水の電気伝導度を測定し，その値を塩分量に換算したものが用いられている（これを実用塩分という）．しかし，実際の塩分量と実用塩分との間には差があることがわかっており，国連のUNESCOから塩分の絶対値を塩分量（絶対塩分）として用いることが勧告されている．

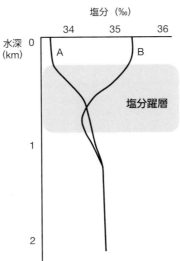

図8 鉛直方向の塩分変化
A：北太平洋，B：中央太平洋

2）水平分布

地球上の海水の平均塩分量は34.7‰である．しかし，塩分は海水の表層面における変動が非常に激しい．塩分量は，その海域の降水（雨）量や河川からの淡水の流入量と海水の蒸発量との差によって決まる．すなわち，気候に大きく依存しているため緯度によって塩分量は大きく変動し，また，大洋間でも差が見られる．ざっと概観すると，北大西洋や北西インド洋で高く，太平洋は低くなっており，北太平洋では特に低い．北大西洋と北太平洋では2‰もの差がある．北大西洋では蒸発した水蒸気はそのままパナマ運河を抜けて太平洋で降雨となるのに対して，太平洋で蒸発した水蒸気は偏西風で東へ流れても，ロッキー山脈で東進が阻まれ，太平洋へ戻ってきてしまう．そのため北太平洋では降水が蒸発を上回ることになり，塩分が低いのである．

南北半球の回帰線付近では卓越して吹いている貿易風の影響で海水の蒸発が多いため，表層面の塩分量は最大となる．回帰線から赤道に向かうにつれて，高温による蒸発量も多いが雨も多くなるので，塩分量は低下し，赤道のやや北で極小となる（図7）．

一方，回帰線から高緯度に向かうにつれて降水量が増え，降水量が蒸発量を上回るようになるため塩分量は低下し，極域で最小になる．ただし，極域では季節によって氷雪ができたり溶けたりするため，塩分量は変動を見せる．また，部分的に閉じた湾，沿岸域，大陸棚周辺などの海域では河川から淡水の流入が多いため，塩分量は低下している．

3）鉛直分布

鉛直方向の塩分の分布を見てみると（図8），表層面は，塩分は高くなっている．しかし，その下には深さとともに急激に塩分が変化する層があり，塩分躍層とよばれる．その変動は海域によって躍層より上の層が下の層より塩分が高くなるところ（図8-B）と低くなるところ（図8-A）とがある．

この塩分躍層より水深が深くなると塩分量は一定になっていく．これは海水がいったん深いところへ沈み込むと大気との接触がなくなるため，降水や蒸発の影響を受けなくなるためである．

深海では塩濃度が均一の水塊ができ，安定している．1000 m以深の深海では34～35‰で一定している．

参考文献

ポール・R・ピネ．東京大学海洋研究所（監訳）．2010．海洋学．東海大学出版会，平塚．599 pp.

2. 海洋生物とは

田中　彰

はじめに

　海洋は地球が誕生した3億年後，今から約43億年前にできたといわれている．そしてそこからはじめての生命が約40億年前に誕生した．その後の30億年はメタン菌などの古細菌や藍藻などの細菌の時代であり，その間に光合成により地球上の環境が変化してきた．それに伴い真核生物が出現し，先カンブリア紀の終わりとなる約6億年前には生物の多様化が急激にはじまった．

　大気の組成が安定することにより独立栄養生物である植物が陸上で生息しはじめ，一方で従属栄養生物である動物は独立栄養生物を利用する植食者，その植食者を利用する肉食者，またその肉食者を利用する肉食者，それらの死骸を利用する腐食者などが出現し，更にそれらを分解する生物などにより進化が急速に進んだ．生物同士の食物連鎖，共生，寄生などの関係が複雑になり，地質的な変化の中で生態系が構築されてきた．

　古生代，中生代，新生代とその時代時代に様々な生物が出現し，環境に適応しながら生きながらえ，また地球への巨大隕石の衝突により環境が一変し，大量絶滅が起こり，生物相が変化してきた．海洋は陸上に比べ比較的安定した環境であり，現在まで原始的な生物も多く生き残っている．

　海洋生物学では地球表面積の約7割を覆う海洋に生息する生物の組成と機能，そして海流や海底地形などによる多様な非生物的環境と生物が織りなす生態系を理解する．

生物特性

　生物は現在約180万種に対して名前が付けられているが，いまだ分類されていない種も多くある．これらの生物は共通の祖先から出現し，原核生物である"真正細菌"と"古細菌"，そして核膜を有する"真核生物"に分けられている．一般に生物の系統はその構造や機能から，真正細菌と古細菌からなる"モネラ界"，藻類と原生動物からなる"原生生物"，菌糸によって構成されている"菌界"，主に陸上で光合成を行う独立栄養生物からなる"植物界"，従属栄養でかつ多細胞生物からなる"動物界"の5つに分けられる．しかしながらモネラ界の両細菌を更に独立した"界"に分ける考え方もある．このように5界説もいまだ議論の余地を残しており，今後の科学の進展により分類体系は確立されていくだろう．海洋にはこの5界を構成する生物が生息するが，菌界や植物界の生物のほとんどは陸上に生息している．

　海洋環境は大きく水柱環境と底生環境に区分される．前者は海表面から海底面までの水柱の環境で，後者は海底環境で潮間帯，陸棚，陸棚斜面，深海底などを含んでいる．また，陸域からの影響を受ける水深200m付近までの陸上からなだらかに水深が深くなる陸棚縁辺までを沿岸域とし，陸棚縁辺から海洋底まで広がる範囲を外洋域として区分される．

　このような海洋環境の区分の中で水柱環境に生息する生物は浮遊生物"プランクトン"と遊泳生物"ネクトン"とに分けられる．前者は海流や潮流などの流れに逆らって移動できない生物で，後者はプランクトンとは異なり流れの中でも能動的に移動できる生物である．

　プランクトンは植物プランクトンと動物プランクトンに分けられ，単細胞，多細胞，群体を作る生物まであり，細菌類のように微視的なものから大型クラゲのような1mを超すサイズのものまである．プランクトンの中には終生浮遊生活する生物と生活環の一時期のみ浮遊生活する生物とがある．また海面のごく表面に生息する生物をニューストンとよぶことがある．ネクトンは海水中を自由に移動することができる能力を有するため，遊泳器官を持つ．ネクトンの中には生活史の初期にプランクトンとして生活している種もある．

　底生環境に生息する生物は一般に底生生物"ベントス"とよばれる．ベントスには底生植物や底生魚類などが含められるが，一般には無脊椎動物などの底生動物を示すことが多い．ベントスは生

活型により海底や他の生物の表面に生息する表在性の種と砂泥底や岩石などの内部に生息する内在性の種とに分けられる．更に表在性の種は海藻類などのように海底に固着する種や岩石などに付着する種と海底表面を自由に動き回る移動性の種とに分けられる．海底付近を自由に遊泳しながら海底に接して生活している動物は明確にネクトンとベントスに区分できないためネクトベントスとよばれる場合がある．

　海洋の生態系におけるエネルギーの流れと物質循環に関与する生物は陸上と同様に生産者，消費者，分解者に区分される．有機物を作る生産者は独立栄養生物で，光合成を行う植物プランクトン，海藻，海草，そして化学合成を行う細菌と古細菌である．消費者は従属栄養生物で，生産者を摂取したり，その摂取者を捕食する動物プランクトン，ネクトン，ベントスの一部が含まれ，また細菌と共生する生物も含まれる．分解者もまた従属栄養生物で，排泄物や死骸，またその腐敗物を分解してエネルギーを獲得し，それらを生産者が利用できる無機物に戻す働きをする細菌などである．しかしながら微生物の中には独立栄養と従属栄養の両方の栄養形式をとる混合栄養生物がいたり，分解者の細菌などは有機物を分解することを目的とせず，エネルギーを得ることを目的とすることから消費者と区別を付けずに消費者と分解者をまとめて還元者とよぶこともある．

1．構成する生物群

　海洋の生物群を生産者，消費者，分解者の栄養段階に分け，それらを構成する生物を紹介する．

（1）海洋の生産者

微細藻類：微細藻類には浮遊性と付着性のものがある．海洋に生息する微細藻類のうち重要性が高く主要なものは藍藻類，珪藻類，渦鞭毛藻類，円石藻類などである．これらは世界中の光の届く海域に分布し，特に浮遊性の植物プランクトンは生物生産において極めて重要な働きを行っている．多くの植物プランクトンは単細胞生物であり，微視的なサイズである．無性生殖で増殖する種が多く，その一生は短く，回転率が速く，現存量は大きくない．

　藍藻類は原核細胞で細胞小器官を有していない真正細菌で，シアノバクテリアとよばれ，30億年前より酸素を地球に供給している．海洋の様々な海域に生息し，窒素固定できる種も存在する．細胞内に葉緑体を持たないがチラコイド膜により光合成の明反応を行い，酸素を発生する．固定した窒素を貯蔵するシアノフィシンや炭素固定を行うカルボキシソームを細胞内に含む．単細胞のもの，いくつかの細胞が集まり群体を形成したもの，細胞が連鎖し糸状構造をしたものなど微視的なサイズから肉眼的なサイズなものまで見られる．世界中の熱帯域から寒帯域まで広く分布し，シネココッカス（*Synechococcus*）は暖海に多く生息し，トリコデスミウム（*Trichodesmium*）は大増殖し赤潮を引き起こすことがある．

　珪藻類は不等毛植物に属する単細胞生物で，蓋のある箱のように外側の殻（外殻）と内側の殻（内殻）からできている．その被殻は珪酸質で，殻面には固有の模様を有し分類の特徴となっている．同心円状で放射相称の殻を持つ中心珪藻と伸長した針状あるいは舟状で左右対称な殻を持つ羽状珪藻とがある．核は細胞の中心付近にあり，その周りを液胞が取り囲んでいる．葉緑体はクロロフィル a, c の光合成色素を持ち，細胞の周囲にあることが多い．珪藻類は無性生殖と有性生殖とにより増殖する．無性生殖では栄養細胞（母細胞）の核が分裂し，外殻と内殻それぞれの内側に被殻が新生され，2つの栄養細胞（娘細胞）ができる．そのため分裂により細胞は微小化し生活できないサイズになると，有性生殖を行う．有性生殖では減数分裂により配偶子を形成し，接合後大きさを増し，増大胞子となり新たな被殻を形成し新個体となる．多くの珪藻類は浮遊性で内湾や沿岸域に多く生息し，地球上の光合成による生産の 1/4 近くを担っていると推定されている．また付着性の珪藻や環境悪化に伴う休眠胞子を作成する種も観察されている．細胞単体で浮遊している場合もあるが，鎖状に群体をなすこともある．珪藻類には約200属10万種以上の種が存在すると推定されている．

　渦鞭毛藻類は基本的には2本の鞭毛を持ち楕円形をした単細胞生物であるが，複雑な翼や角などを有する多様な形態をなしている．細胞表面の鎧板には微細な構造とともに縦溝と横溝があり，そ

藍藻：クロオコッカスの1種*

珪藻：キートケロスの群体

渦鞭毛藻：ケラチウム

円石藻類*

褐藻アラメの群落

海草リュウキュウアマモの群落

図1 海の生産者：植物プランクトン，海藻，海草．（写真は田中克彦氏より提供，*は井上勲．2007．藻類30億年の自然史第2版―藻類から見る生物進化・地球・環境．東海大学出版部より転載）

の交差点付近から2本の鞭毛が生じ運動に使われる．渦鞭毛藻類には葉緑体により光合成を行う独立栄養を行う種と他の生物や溶存態有機物などを摂取しエネルギーを獲得する従属栄養を行う種が存在する．また環境により独立栄養も従属栄養も行う混合栄養種も確認されている．増殖は無性的に2分裂するが，珪藻のようにサイズが減少しない．有性生殖を行い，休眠胞子を形成する種もある．好適な環境条件では急激な増殖を行い，赤潮を引き起こす．有毒な神経毒を生成する種があり，生物濃縮により魚類などの2次消費者や3次消費者に害をもたらすことがある．海洋の暖海域において優占的に生息し，約1600種が知られている．

円石藻類はハプト藻類に属し，多くの種の細胞直径が40 μmに満たない微小なプランクトンである．細胞表面は円石（コッコリス）とよばれる炭酸カルシウムの板片で覆われ，その板片の形態は輪状や棘状を呈し，種同定の重要な形質となっている．しかしながら単相世代と複相世代の世代交代により形態的特徴が変化し，同一種でも鞭毛や円石の有無の相が見られる．海洋全域に広く分布するが，多くの種は暖水外洋の貧栄養域に生息している．

大型藻類（海藻）と海草：海藻には藻類のうち多細胞生物である緑藻，紅藻，褐藻が含まれ，日本には約1500種が報告されている．これらは保有する光合成色素の種類により色彩を異にするために名付けられた．内湾や沿岸域の海底に固着し群落を形成する．

緑藻は緑色の光合成色素を持ち，クロロフィルa, bによる光合成を行い，グルコースを生成する．繁殖には無性胞子による単独での発芽・発生により1個の藻体になる世代と2個の有性胞子の合一後に発芽能力を得て藻体になる世代とがある．有性胞子は鞭毛を持ち泳ぎ回ることができる．分布は主に温暖海域の比較的浅所であり，熱帯海域にも生息する．代表的な種としてはナガアオサ，ウスバアオノリ，クロヒトエグサ，ミルなどで日本には約260種が生息している．

褐藻はクロロフィルa, cによる光合成を行うほか，フコキサンチンを主としたカロチノイド類の光合成の補助色素により褐色や黄色を呈する．繁殖は無性生殖と有性生殖とによる世代交代を行い，核相交代をする種類がある．また有性生殖のみを行う種もある．無性・有性の遊走子には不等長の鞭毛がある．藻体は大きなものが多く，60〜70 mの樹状を呈するものまである．分布は寒帯から温帯の海域に多く，大型種は群生し藻場や海中林を形成する．代表的な種としては商業的に利用されているマコンブ，ワカメ，モズク，ホンダワラなどがあり，日本には約340種が生息している．

紅藻はクロロフィルa, dとフィコビリンタンパ

リザリア：放散虫の1種*

原生動物：有鐘繊毛虫の1種**

刺胞動物：クラゲ類の1種*

軟体動物：ハダカカメガイ**

環形動物：
多毛類のネクトキータ幼生*

甲殻類：カイアシ類の1種**

毛顎動物：ヤムシの1種***

尾索動物：ウミタル**

図2 海の消費者：動物プランクトン．（写真*は田中克彦氏，**は西川淳氏，***は澤本彰三氏より提供）

ク質の色素により光合成を行い，その色素により紅色から紫色を呈している．繁殖は緑藻や紅藻と異なり不動性の無性の胞子や有性の配偶子によりなされるが，母体内で形成された雌性配偶子は来訪する雄性配偶子により受精し，果胞子を形成する．藻体は褐藻のように大きくならず，1m以下のものが多く，その体形や体色は多様である．分布は主に寒海域より温暖海域であり，緑藻や褐藻と比較し深所に生育できる．代表的な種としては褐藻同様に商業的に利用されているアサクサノリ，マクサ（テングサ），ウミゾウメン，マフノリなどで日本には約900種が生息している．

海草は多年生の種子植物に属し，海藻と異なり茎，葉，根の区別を持つ単子葉植物である．そのため多くの陸上植物と同様に花を咲かせ受粉し種子を形成し繁殖する．一部の種では茎を地下茎として栄養繁殖する．多くの種は砂泥底域に生息し，葉は水中に伸長し，根は砂泥中に広がる．分布は寒帯域から熱帯域であるが，熱帯から亜熱帯の海域に生育する種が多い．多くの種の生息場は波浪の影響を受けにくい内湾の浅瀬や干潟などで，常に海水に浸る潮下帯から潮間帯である．日本には約30種の海草が生息し，アマモは本州周辺で，スガモは北海道周辺で，ウミジグサやウミショウブは南西諸島周辺で群生する．海草の群落は底生生物や魚類の好適な生息場になるほか，アオウミガメやジュゴンなどの草食動物の餌場となる．

化学合成独立栄養生物：海洋には硫化水素，硫黄，メタン，酸化鉄，水素などが海底の裂け目から熱水や冷水とともに噴出する場があり，そこには様々な微生物やシロウリガイ・ハオリムシなどの無脊椎動物が生息している．そのような場所では光合成に依存した生産ではなく，熱水から噴出した硫化水素やメタンなどの還元物質をエネルギー源として二酸化炭素から有機物を合成している細菌や古細菌が生息している．これらは化学合成独立栄養生物とよばれ，深海熱水孔付近の生態系の重要な生産者となっている．超好熱メタン細菌，硫黄酸化細菌，超好熱水素細菌，超好熱古細菌，イプシロンプロテオバクテリアなどの属する種類がおり，一部の種はハオリムシ類やシロウリガイ類などの細胞内に共生し有機物を与えている．

（2）海洋の消費者

動物プランクトン：動物プランクトンは従属栄養生物として様々な生物や有機懸濁物を捕食し，より高い消費者へのエネルギーの橋渡しを行っている．全生活期を通し浮遊生活する終生プランクトンと生活期の初期のみ浮遊生活する一時プランクトンがある．終生プランクトンは主に原生動物や無脊椎動物の様々な分類群から構成されている．海洋における主要な動物群は原生動物，刺胞動物，有櫛動物，軟体動物，環形動物，節足動物，毛顎動物，脊索動物などである．

前述の渦鞭毛藻類の中の従属栄養をなす渦鞭毛虫類は鞭毛を使い細菌，珪藻，鞭毛虫類などを捕食している．渦鞭毛虫の一種であるヤコウチュウ

は大発生すると夜間には発光し，昼間には赤潮を起こす．有孔虫類や放散虫類はこれまで原生動物に含まれていたが，現在リザリア界に含まれている．前者は石灰質の，後者は珪酸質の殻を形成することがあり，それらは示準化石として使われ，また海底に堆積し軟泥となり利用されている．これらも細菌類や原生動物，植物プランクトンを捕食している．

　原生動物には繊毛虫類とアメーバ動物類が含まれ，前者は繊毛によって移動し，後者は細胞を変形し偽足を形成し移動することができる．繊毛虫類は浮遊生活するものと藻類の表面に固着するものがあり，口の周りの繊毛により細菌や，小型珪藻，鞭毛虫などを捕食している．ラッパのような円錐状をした殻を持つ有鐘繊毛虫は海洋に広く分布し，微小な植物プランクトンを多量に捕食している．アメーバ動物類には根足虫や太陽虫などが含まれる．

　刺胞動物は外胚葉と内胚葉からなる二胚葉性の動物でクラゲ型とポリプ型の体制を有している．刺胞動物の名前の由来となる毒液を注入する針を持つ細胞の「刺胞」を触手に備えている．体は放射相称で，胃腔という腔所の開口部が口と肛門の役割を担っている．神経系を備え原始的な感覚器や筋細胞を有している．クラゲ型の体制を持つ多くのものは終生プランクトンで，ポリプ型のものは一時プランクトンである．刺胞動物にはヒドロ虫類，箱虫類，鉢虫類，花虫類などが含まれ，ヒドロ虫類はクラゲ型とポリプ型，花虫類はポリプ型で，他のものはクラゲ型の体制である．ヒドロ虫類には管クラゲ類のカツオノエボシや軟クラゲ類のオワンクラゲなどが含まれる．箱虫類には立方クラゲ類のアンドンクラゲやハブクラゲなどがいる．鉢虫類にはミズクラゲ，タコクラゲ，エチゼンクラゲなどの多くの漂泳性クラゲが含まれる．花虫類には六放サンゴ類のイソギンチャクやイシサンゴなどが，八放サンゴ類のアオサンゴやウミエラ，ウミトサカなどが含まれ，一時プランクトンとして幼生期を過す．

　有櫛動物の多くは浮遊性で海洋に広く分布しクラゲのような形をしていることからクシクラゲとよばれることがある．体の表面に8列の放射状の櫛板列があり，それによってゆっくりと漂いながら移動している．多くの種は2本の触手を持ち，それにより微小な生物や懸濁物を捕食している．生物発光を行うが中深層で観察される美しい色彩は反射による構造色である．ウリクラゲやフウセンクラゲなどが含まれる．

　軟体動物には一時プランクトンが多く，終生浮遊生活する種は少ない．翼舌類のアサガオガイ類，異足類や翼足類は終生プランクトンとして認められ，外洋暖水域の表中層に多く生息している．アサガオガイ類はカタツムリ型をした巻貝で淡紫色をおび，薄くもろい殻を有している．足部から細かい泡を多数分泌し浮袋を形成し，殻は逆さになり生息している．異足類にはゾウクラゲの仲間やヒレウキガイ，クチキレウキガイなどがおり，大型プランクトンや幼魚を捕食している．翼足類には裸殻翼足類と有殻翼足類がいる．前者には殻を持たない，クリオネとして有名であるハダカカメガイの仲間が含まれ，翼状の側足を持ち，すばやく移動することができる．そのため異足類と同様に大型プランクトンや幼魚を捕食することができる．有殻翼足類にはウキビシガイやカメガイの仲間が含まれ，珪藻や有孔虫などの小型プランクトンを捕食している．

　環形動物は底生，付着性のものが多く，終生浮遊生活する種は少ない．多毛綱サシバゴカイ目のウキゴカイやオヨギゴカイの仲間は終生浮遊生活をしている．ウキゴカイ類は約50種おり，体節から剛毛を伸ばし表層から中深層を遊泳しカイアシ類やオキアミ類などを捕食している．オヨギゴカイ類は沿岸表層から外洋漸深海層まで生息し，体節から長く伸びた疣足を使って遊泳している．多毛類の多くの種は一時プランクトンで，発生過程で浮遊性のトロコフォア幼生期を過ごす．トロコフォア幼生は1つの体腔を有し，口と肛門を繋ぐ消化管を持っている．体は楕円球に近く，中央部には横断的に2列の繊毛帯を持っている．

　節足動物は120万種以上の種数を有し，動物門のうち種数の最も多いグループである．そのうち海洋に生息する主なものは甲殻亜門の各グループや鋏角亜門のカブトガニ類やウミグモ類である．甲殻類には終生プランクトンとして主に生活するカイアシ類のほか，ノープリウス幼生期に一時プランクトンとして生活し，その後底生生活，固着

生活，寄生生活などをする種が多数存在する．カイアシ類は約1万1000種の記載があり，動物プランクトンの中で数量的に最も大きな割合を占めている．そのため海洋の食物連鎖で重要な役割を担っている．ノープリウス幼生期，コペポディット幼生期に脱皮を繰り返し，成体に至る．第1触覚が伸長しており，感覚器として機能している．表層から深層まで生息し，植物プランクトンや小型の動物プランクトン，有機懸濁物などを捕食している．

毛顎動物は矢のような細長い体をし，側鰭と尾鰭を有する透明に近い終生プランクトンである．頭部の口の左右にはキチン質のかぎ状の刺があり，矢状の形態からヤムシとよばれる．寒帯から熱帯の海洋に広く分布し，動物プランクトンを捕食する大型種で，120種以上いると考えられている．

脊索動物のうち，尾索動物のタリア類とオタマボヤ類は終生浮遊生活を行うが，ホヤ類，頭索動物のナメクジウオ，脊椎動物の魚類は幼生・幼体期には一時プランクトンとして浮遊生活を行う．タリア類はヒカリボヤ，ウミタル，サルパの仲間を含み，被嚢による樽状の外形を有している．被嚢の筋肉を収縮させることで水流を起こし，口部から水を吸い込み濾過し，総排出孔から排出する．そのため水流により前に進むとともに濾過した大量の植物プランクトンを摂取できる．オタマボヤ類は幼生期のオタマジャクシ型と体形が類似し，幼形成熟すると考えられている．体は体幹部と尾部に大きく分けられ，表皮から分泌されたハウスとよばれる泡のような構造物の中にいる．このハウスの中で尾を振り水流を起こし，植物プランクトンや懸濁物をフィルターで濾過し捕食している．タリア類やオタマボヤ類は世界の海洋に広く分布し，その被嚢やハウスがマリンスノーなどの懸濁物となり物質循環の重要な役割を担っている．ホヤ類の幼生もオタマジャクシ型の浮遊生物であるが，成体になると固着する．

ネクトン：遊泳動物としては甲殻類の一部の種，頭足類，脊椎動物が含まれる．甲殻類のうち腹部にある付属肢が発達し，それにより水をかくことができる軟甲綱のホンエビ類やフクロエビ類の仲間が含まれる．ホンエビ類のオキアミ類はプランクトンとして扱われる場合もあるがマイクロネクトンとして外洋の表層から中深層にかけて遊泳生活し，プランクトンを捕食している．同じくホンエビ類の十脚目に属するオヨギチヒロエビ類やヒオドシエビ類は赤色，シラエビ類は白色の体色をし，中深層で遊泳生活し，日周鉛直移動を行っている．フクロエビ類のアミ類の中には中深層を遊泳するロフォガスター類の仲間がおり，オオベニアミは体長35 cmにも達する種である．このように甲殻類のネクトンの多くは中深層に生息し，日周鉛直移動をしながらプランクトンや懸濁物を捕食している．オキアミ類やシラエビ類は魚類，頭足類，鯨類などの重要な餌生物となっている．

頭足類のうち主に底生生活するタコ類を除くイカ類やオウムガイ類などがネクトンに属する．イカ類には水産業上重要なコウイカ類とツツイカ類のほかに小型種が多いダンゴイカ類や深海性のトグロコウイカ類がいる．コウイカ類は外套膜内に炭酸カルシウムでできた舟形をした殻を持ち，外套膜の全側縁に鰭を持っている．比較的沿岸域の底層付近に生息し甲殻類や魚類を捕食している．ツツイカ類は外套膜内に軟甲を持ち，外套膜は筒状で長く，その先端両側に鰭を持っている．沿岸から外洋の表層から中深層まで広く分布し，大型ネクトンの重要な餌生物になっている．スルメイカ，ヤリイカ，アカイカなどのほかにダイオウイカやユウレイイカなどが含まれる．コウモリダコは頭足類の祖先形を継承した種と考えられ，分類学的には1目1科1属1種の深海性の頭足類である．タコ類のように8本の腕持ち，腕の間には膜状の鰭があり，その腕には棘を持ち防御に役立てている．オウムガイ類は外殻を持った頭足類で，その殻により浮力調節を行っている．表中層の海底付近に生息し触手により甲殻類などを捕食している．

脊椎動物は内骨格を有し神経と筋肉の活動により運動性を得ている動物で，海洋には両生類は生息していない．ネクトンとして無顎類，軟骨魚類，硬骨魚類，爬虫類，哺乳類などが含まれる．前3者は鰓呼吸し，鰭によって体勢の維持や泳力を得ている．無顎類はウナギ型の体形であるが，対鰭や顎を持たず，骨格が軟骨で脊椎骨は未発達で脊索を持ち，現生のヌタウナギ類とヤツメウナギ類を含んでいる．ヌタウナギ類は，尾鰭のみを持ち，

甲殻類：ツノナシオキアミ *　　頭足類：コウイカの1種　　無顎類：ヌタウナギ **

硬骨魚類：ミナミイスズミ ***　　爬虫類：アカウミガメ　　哺乳類：カマイルカ

図3 海の消費者：ネクトン．（写真 * は西川淳氏，** は庄司隆行氏，*** は赤川泉氏より提供）

体表からは多量の粘液を分泌する．多くの種は陸棚縁辺の表中層域に生息し，底生生物や魚類などの死骸を摂食する腐肉食者である．ヤツメウナギ類は背鰭と尾鰭を持ち，7対の鰓孔を持っている．淡水域で生まれるが海に回遊する種もいる．現生する無顎類は約110種いる．

軟骨魚類は多くの硬骨魚類と異なり鰾を持たず，骨格が軟骨からできており，顎が形成されている．軟骨魚類は板鰓類と全頭類に分けられ，前者は鰓孔を5〜7対持ち，後者は鰓孔を1対持っている．板鰓類は鰓孔を頭部の側面に持つサメ類と鰓孔を腹面に持つエイ類とに区分される．サメ類には魚類中最大のサイズになるジンベエザメや海棲哺乳類などを捕食するホホジロザメなどが含まれる．海洋の沿岸や外洋の表層から中深層域に広く分布し，魚類や頭足類などを捕食している．エイ類は縦扁した体形で，頭部と胸鰭とが癒合し，その胸鰭を波動状に動かすことにより遊泳している．沿岸・沖合域の底層に生息する種が多いが，表中層を遊泳する種もいる．小型の魚類や甲殻類，貝類などを捕食している．サメ類は約500種，エイ類は約600種が知られている．全頭類にはギンザメの仲間が含まれ，サメ類と異なり体表に楯鱗を持っていない．多くの種は陸棚斜面の底層に生息し，貝類やユムシなどの底生動物を捕食している．約50種が知られている．

硬骨魚類は骨格が硬骨で形成されており，条鰭類，肉鰭類に分けられる．条鰭類は淡水に生息するポリプテルスを含む分岐鰭類，主に淡水で生息するチョウザメを含む軟質類，そしてほとんどの種を含む新鰭類からなる．新鰭類には原始的な魚類と考えられるガーやアミアの各グループとその他主体をなす真骨類がいる．ガーやアミアの仲間は主に淡水域に生息している．真骨類は約3万種おり，その半数強が海洋の様々な環境に生息している．プランクトン類などを捕食するイワシ類やサケ類，小型の魚類や頭足類などを捕食するサバ類やマグロ類などは沖合から外洋の表中層域を季節的に移動回遊しながら生息している．底生生物を捕食するタイ類，カサゴ類などは沿岸域の底層で生息している．またハダカイワシの仲間は沖合から外洋の中深層に，キンメダイやソコダラの仲間は陸棚斜面の中深層の海底付近に生息している．6000m以深の超深海層にもクサウオやアシロの仲間が生息していることが知られている．

爬虫類は基本的に四肢を持ち肺呼吸する変温動物で，カメ類，ヘビ・トカゲ類，ワニ類など，世界で約6000種知られているが，海洋に生息する種はウミガメ類，ウミヘビ類など約70種である．ウミガメ類は脊椎骨や肋骨などの内骨格と皮骨，それらを包む角質化した皮膚の鱗板とからなる甲（甲羅）を持ち，四肢は鰭状を呈し，前脚を動か

| 甲殻類：ソコミジンコ類の1種 | 貝虫類の1種 |

図4　海の消費者：メイオベントス．（写真は田中克彦氏より提供）

| 鋏角類：ウミグモの1種 | 十脚類：イソガニ | フクロエビ類：ヒゲナガスナホリムシ | 蔓脚類：チシマフジツボ |

| 腹足類：アオウミウシ | 二枚貝類：ムラサキインコの群集 | 堀脚類：クチキレツノガイ科の1種 | 多板類：ヒザラガイの1種 |

図5　海の消費者：マクロベントスⅠ；節足動物（上段）・軟体動物（下段）．（写真は田中克彦氏より提供）

し遊泳力を得ている．オサガメのみ甲羅を持たずに皮膚で覆われている．ウミガメ類は世界の熱帯域から温帯域まで広く分布し，沿岸域に依存する種や外洋を回遊する種がいる．産卵時には砂浜に上陸するが，それ以外の時には海中で生息し，クラゲ類，カイメン類，海草類，底生動物などを種特異的に摂餌している．摂餌物などから得られる塩分を排出し体内の浸透圧を調節するために，眼にある涙腺が塩類腺の役割を担っている．巣穴に産み落とされた卵は発生中期の環境温度が高いと雌になるという温度依存性決定の特徴を持っている．ウミガメ科6種，オサガメ科1種の7種がいる．ウミヘビ類は四肢を持たず，尾部が魚類の尾鰭のように縦平し，遊泳力を得る形状になっている．太平洋とインド洋の熱帯から亜熱帯の沿岸域に主に生息し，セグロウミヘビのみ外洋域に生息することが知られている．神経毒を有し，主に魚類を捕食している．多くのウミヘビ類は卵胎生であるが，エラブウミヘビ類は卵生である．そのため，エラブウミヘビ類は上陸し活動しやすいように体断面が陸棲ヘビ類に近い円形をしている．約60種が知られ，日本にはエラブウミヘビやイイジマウミヘビなどが生息する．ウミイグアナは四肢を有し，背面に一列に並ぶ棘状鱗を持っている．ガラパゴス諸島のみに生息し，主に海藻類を摂餌している．

哺乳類は肺呼吸・哺乳し，胎生を主体とした恒温動物である．海洋にはカバに近縁なクジラ類，トラやオオカミなどのいる食肉目に含まれる鰭脚類・ラッコ・ホッキョクグマ，ゾウ類に近縁な海牛類が生息している．クジラ類は上顎にヒゲ板を有し体表にあいた噴気孔が2つのヒゲクジラ類と顎に歯を有し噴気孔が1つのハクジラ類とに分けられる．ヒゲクジラ類には史上最大の動物といわれるシロナガスクジラなど14種が知られ，オキアミなどの動物プランクトンや小型の魚類などを

口腔に捕獲しヒゲ板で濾過して飲み込んでいる．コククジラは底生動物を捕食している．多くのヒゲクジラの種は温暖域で繁殖し，寒冷域で摂餌する回遊を行っている．ハクジラ類は，淡水域に生息する4科を含み75種が知られている（これらのうち小型のものをイルカと俗称している）．ハクジラ類は沿岸域から外洋域を群れで生息する種が多く，社会性を有し，協力して魚類や頭足類などを捕食している．ハクジラ類には自ら音を出し，それをエコロケーションやコミュニケーションに利用している種がいる．鰭脚類は大きくアシカ類（16種），セイウチ（1種），アザラシ類（18種）に分けられ，アシカ類は耳介を持ち，四肢で体を支えられ，前脚で遊泳する．一方，セイウチとアザラシ類は耳介を持たず，後脚で遊泳する．セイウチは発達した犬歯を持ち，四肢で体を支えることができる．アシカ類は吸気状態で，アザラシ類は排気状態で潜水するため，水圧との関係でアザラシ類のほうがより深くまで潜水できる．鰭脚類の多くの種は寒冷域に生息し，魚類，頭足類，甲殻類などを捕食している．海牛類にはジュゴン（1種）とマナティー類（3種）がおり，前者の尾鰭の形が三角形で，後者はしゃもじ状の形をしている．ジュゴンは太平洋とインド洋の熱帯から亜熱帯の沿岸域に生息している．マナティー類のうちアマゾンマナティーは主にアマゾン川流域の淡水域に，アメリカマナティーはカリブ海からメキシコ湾にかけての沿岸・河口域に，アフリカマナティーは中央アフリカ西部の沿岸から河川域に生息している．海牛類は草食性で，アマモ類などの海草類や水生植物などを主に採食している．

　海鳥類は海洋環境に生活を適応させた鳥類で，これまで紹介したネクトンとは異なるが海洋における重要な消費者である．海鳥類にはペンギン類，ミズナギドリ類，カツオドリ類，ネッタイチョウ類，チドリ類が含まれ，約300種が知られている．これらの種は魚類や頭足類などの小型ネクトンや動物プランクトン，大型動物の腐肉などを摂餌し，餌生物により嘴の形状が異なっている．繁殖地においてはコロニーを形成する種が多い．ペンギン類は最も海洋環境に適応し，翼が鰭状を呈し，水中遊泳に使われている．主に南半球の南極環流の影響を受ける沿岸域で摂餌し，その周辺地域を繁殖地にしている．ミズナギドリ類には高い飛翔能力を持ち外洋域に生息するアホウドリやオオミズナギドリなどの大型種とウミツバメ類のような小型種がいる．カツオドリ類は沿岸性で，多くの種で足指の間に蹼（水かき）がある．ネッタイチョウ類は細長く伸長した2枚の尾羽を持ち，カツオドリ類同様に蹼が発達し，水中へ急降下し餌生物を捕獲することができる．チドリ類には海岸や干潟で甲殻類や貝類などをついばむ小型種と海洋において潜水し捕獲したり，飛翔しながら海面近くで捕獲したり，横取りしたりする，多様な採餌行動をするアジサシ，カモメ，トウゾクカモメなどの中型種がいる．

ベントス：ベントスに含まれる各種は海底生活に適応した形態や機能を有し，ほとんどの動物群に属している．サイズにより小型のものからマイクロベントス，メイオベントス，マクロベントス，メガロベントスとよばれている．マイクロベントスは顕微鏡で確認されるサイズで，細菌などの原核生物や単細胞の原生動物などが含まれ，消費者とともに分解者としての役割を担っている．メイオベントスは一般に0.5 mmのふるいを通過する成体の小型動物とされ，線形動物で自由生活する線虫類，節足動物であるイソミズダニ類などのダニ類，ソコミジンコ類などのカイアシ類，カイミジンコ類などの貝虫類，動吻動物の棘皮虫類，腹毛動物のオビムシ類，扁形動物の渦虫類などが含まれる．マクロベントスはメイオベントスより大型のサイズのもので多くの動物群を含んでいる．ホシズナなどを含む有孔虫類，ウミグモ類などの鋏角類，エビ類・カニ類・ヤドカリ類などの十脚類，アミ類・端脚類・等脚類・タナイス類・クーマ類などのフクロエビ類，フジツボ類・エボシガイ類などの蔓脚類を含む多くの節足動物，アワビ・サザエ・ウミウシなどの腹足類，ホタテガイやハマグリなどの二枚貝類，ツノガイ類などの掘足類，ヒザラガイ類などの多板類などを含む軟体動物，ゴカイ類やケヤリ類などの多毛類を含む環形動物，ウミユリ類・クモヒトデ類・ヒトデ類・ナマコ類・ウニ類などを含む棘皮動物，ポリプ型の生活型を営むヒドロ虫類，イソギンチャク類やウミエラ類などの花虫類を含む刺胞動物，カイメン類やカイロウドウケツ類などの海綿動物，フサコケム

表 海洋に生息する主な生物群とその栄養段階と生活型

P, プランクトン；N, ネクトン；B, ベントス

界	門	主な生物一般名	生産者 光合成 P	生産者 光合成 B	生産者 化学合成	消費者 P	消費者 N	消費者 B	分解者 P	分解者 B
真正細菌	シアノバクテリア		○	○						
	プロテオバクテリア		○	○	○				○	○
	バクテロイデス								○	○
古細菌	ユーリアーキオータ				○				○	○
	クレンアーキオータ				○				○	○
	タウムアーキオータ				○				○	○
藻類	紅色植物	紅藻類		○						
	緑色植物	緑藻類		○						
	不等毛植物	褐藻類		○						
		珪藻類	○	○						
	ハプト植物	円石藻類	○							
	渦鞭毛植物	ヤコウチュウ類	○			○				
リザリア	有孔虫							○		
	放散虫					○				
原生動物	繊毛虫	旋毛類				○				
	アメーバ動物	アメーバ類				○		○		
菌類	子嚢菌	ミクロアスクス類				○		○		
植物	単子葉植物	オモダカ類		○						
動物	海綿動物							○		
	刺胞動物	ヒドロ虫類				○		○		
		クラゲ類				○				
		サンゴ・イソギンチャク類						○		
	有櫛動物	クシクラゲ類				○				
	扁形動物	ヒラムシ類						○		
	紐形動物	ヒモムシ類						○		
	腹毛動物	オビムシ類						○		
	輪形動物	ワムシ類				○		○		
	内肛動物	スズコケムシ類						○		
	外肛動物	コケムシ類						○		
	箒虫動物	ホウキムシ類						○		
	腕足動物	シャミセンガイ類						○		
	星口動物	ホシムシ類						○		
	ユムシ動物	ユムシ類						○		
	毛顎動物	ヤムシ類						○		
	環形動物	ゴカイ類						○		
	軟体動物	ヒザラガイ類						○		
		二枚貝類						○		
		ツノガイ類						○		
		巻貝類						○		
		頭足類					○	○		
	線形動物	線虫類				○		○		
	鰓曳動物	エラヒキムシ類						○		
	動吻動物	トゲカワ類						○		
	緩歩動物	クマムシ類						○		
	節足動物	ウミグモ類						○		
		フジツボ類						○		
		カイアシ類				○		○		
		エビ・カニ類				○	○	○		
	棘皮動物	クモヒトデ類						○		
		ナマコ類						○		
		ヒトデ類						○		
		ウニ類						○		
		ウミユリ類						○		
	半索動物	ギボシムシ類						○		
	脊索動物	ナメクジウオ類						○		
		ホヤ類				○		○		
		脊椎動物					○	○		

棘皮動物：クモヒトデの1種　棘皮動物：イトマキヒトデ　棘皮動物：ニセクロナマコ　棘皮動物：ナガウニ科の1種

棘皮動物：ウミユリの1種　刺胞動物：クダウミヒドラ科の1種　刺胞動物：ヒダベリイソギンチャク　刺胞動物：ウミトサカの1種

図6　海の消費者：マクロベントスⅡ；棘皮動物・刺胞動物．（写真は田中克彦氏より提供）

海綿動物：ダイダイイソカイメン*　紐形動物：クリゲヒモムシ*　外肛動物：アミコケムシ科の群体*　腕足動物：ホウズキチョウチン**

星口動物：エダホシムシ科の1種*　環形動物：ギボシイソメ科の1種*　半索動物：ギボシムシの1種***　脊索動物：マボヤ*

図7　海の消費者：マクロベントスⅢ；その他の動物群．（写真*は田中克彦氏，**椎野勇太．2013．凹凸形の殻に隠された謎―腕足動物の化石探訪．東海大学出版部より転載，***は武藤文人氏より提供）

シ類やクダコケムシ類などの外肛動物，ヒモムシ類などの紐形動物，クマムシ類などの緩歩動物，シャミセンガイ類などの腕足動物，ホシムシ類などの星口動物，ギボシムシ類などの半索動物，ホヤ類などの脊索動物などを含む．メガロベントスはマクロベントスの中の大型種で採泥器や方形枠での採集が困難な種である．大型貝類などの軟体動物，大型甲殻類，サンゴ類などの刺胞動物などが含まれる．魚類や頭足類などのネクトベントスはカレイ，カサゴ，コチ，ハゼ，ワニギス，ネズッポ，ウツボなどの底棲硬骨魚類やエイ類などの底棲軟骨魚類，マダコ類の頭足類などである．

ベントスには個体性が不明確で群体を作り生活している種や寄生・共生している種も多い．食性から見ると付着性微細藻類や海藻類を削り取るように摂餌したり，植物プランクトンを濾過して食する植食者，動物プランクトンやベントスを様々な方法で捕食する肉食者，海中に漂う有機物の粒子からなる懸濁物を捕食する懸濁物食者，海底に堆積した有機懸濁物を摂食する堆積物食者などに区分され，その食物により特異な摂食法を発達させている．ベントスの分布は潮汐の影響により干出，冠水する潮間帯から陸棚，陸棚斜面，深海底とあらゆる海底に生息し，海底の基質により生活様式を異にしている．

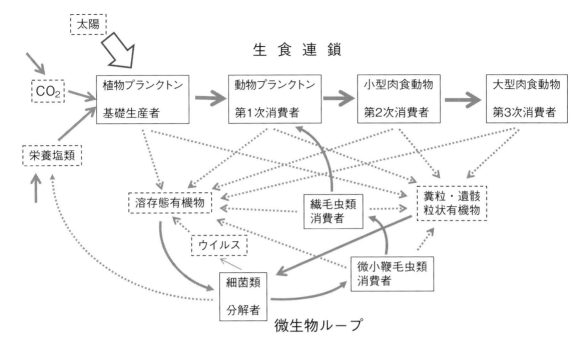

図8 海洋における主とした生食連鎖と微生物ループとの関係
生食連鎖は光合成を行う植物プランクトンを起点に連鎖し，微生物ループは溶存態有機物（炭素）を取り込む従属栄養細菌類を起点に微生物内において連鎖し，生食連鎖につながる．
実線矢印は摂取・添加を，破線矢印は排出を示す．破線枠は非生命体を示す．

（3）海洋の分解者

海洋における分解者は従属栄養性細菌が主体をなしている．これらの細菌は海水中を浮遊しながら海中に溶けている溶存態有機物を，原形質膜を介して浸透栄養により摂取している．この溶存態有機物を利用している細菌類は海洋の食物連鎖における微生物ループの起点になり，微小鞭毛虫類に捕食され，更にその上位の繊毛虫類・動物プランクトン・魚類へと連鎖していく．海水中にはグラム陰性菌が，海洋底泥中にはグラム陽性菌が主に生息している．光が到達する表層ではアルファプロテオバクテリア類などが，非有光層の中深層ではデルタプロテオバクテリア類や古細菌のタウムアーキオータ類などが含まれている．分解者としての細菌類は海洋中の炭素，窒素，リン，硫黄などの物質循環に大きく寄与している．

2．海洋生態系―食物連鎖・エネルギー流・物質循環―

様々な海域に形成される生態系は生産者・消費者・分解者の生物群とそれから供給される溶存態有機物や懸濁有機物，その系に添加される有機物や無機物，そしてそれらを包含する非生物的環境により構成されている．系内では太陽光を起点としたエネルギーは生産者により化学エネルギーとして取り込まれ，吸収された無機物とともに有機物が生産される．生産されて有機物とエネルギーは食物連鎖を通してより高次の栄養段階へ転送される．栄養段階は基礎生産者にはじまり，それを利用する1次消費者，更に1次消費者を利用する2次消費者，次の3次消費者と続いている．消費者による「食う－食われる」関係は様々な生物が関与し網目状の関係を示すために食物網として示される．有機物として取り込まれたエネルギーは呼吸過程により二酸化炭素に分解され熱エネルギーとして放出されるため，栄養段階が上がるごとに減少していく．このように栄養段階を通してエネルギーは消費され，一方向の流れとなる．一方，生物体や排泄物などの有機物を構成している炭素，窒素，リンなどの元素は分解者による分解により遊離し，再度生産者である独立栄養生物が摂取する．そのため生物体を構成する元素は循環し，窒素，リン，ケイ素などの無機塩類は生産者が増殖する際の制限要因となり栄養塩とよばれている．

海洋における栄養段階間の連鎖には上記に示したように植物プランクトンや海藻類にはじまり，植食者，プランクトン食者，ネクトン食者などの繋がる生食連鎖と，プランクトンやネクトンが放出した溶存態有機物や懸濁物を摂取する従属栄養性の細菌類にはじまり，原生動物，動物プランクトンと繋がる微生物ループとが認められている．各栄養段階の生物のサイズは高次段階になるほど大きくなり，消費する有機物量も多くなる．そのため低次の栄養段階にいる生物のバイオマス（生物量）は必ずしも大きくないが，世代時間が短く，生産速度が速いため，年間生産量が高くなり上位の消費者にエネルギーを転送できる特徴を有している．基礎生産は太陽光と栄養塩の存在に大きく依存するため，非生物的環境の影響を受ける．高緯度地方では太陽光の水中への照射量は低く，季節変化がある．沿岸域や湧昇流域では添加される栄養塩が多いため生産量は多くなる．食物連鎖における栄養段階の数は栄養塩の添加が少ない外洋域では6前後，湧昇流域では3前後になる．沿岸域では栄養段階は4前後であるが，水柱環境と底生環境での消費者が関与し，複雑な食物網を構築する．サンゴ礁域，マングローブ林域，熱水・冷水噴出域，深海底域などでは特異な生態系が形成されている．

参考文献

石田祐三郎・杉田治男（編）. 2001. 海の環境微生物学. 増補改訂版. 恒星社厚生閣. 東京. 249pp.

Lalli, Carol M. and Timothy R. Parson，關　文威（監訳）・長沼　毅（訳）. 2005. 生物海洋学入門．第2版．講談社サイエンティフィク．東京. 260pp.

丸茂隆三（編）. 1974. 海洋プランクトン. 海洋学講座10. 東京大学出版会. 東京. 232pp.

日本ベントス学会（編）・和田恵次（責任編集）. 2003. 海洋ベントスの生態学. 東海大学出版会. 平塚. 459pp.

谷口　旭（監修）・谷口旭教授退職記念事業会（編）. 2008. 海洋プランクトン生態学—微小生物の海—. 成山堂書店. 東京. 334pp.

西村三郎. 1981. 地球の海と生命—海洋生物地理学序説. 海鳴社. 東京. 284pp.

和田邦尚・一見和彦・山口一岩. 2014. 海洋科学入門—海の低次生物生産過程—. 恒星社厚生閣. 東京. 120pp.

山本護太郎. 1977. 海の生態系—構造と機能—，イルカぶっくす9. 海洋出版株式会社. 東京. 126pp.

各 論

1. 沿岸域における生態学的調査法 ──── 大泉 宏

1. 目的

　生物は様々な環境に適応しており，生物と環境の相互作用は生態系を形成している．従って，生態系の成り立ちを理解するためには環境要素と生物要素の両方について調べなくてはならない．フィールドにおける生物相と基本的な環境要素を知ることは，その場の生態系を概観するうえで欠かせない基本的な作業となる．そして今日の社会では生態系の保全は急務であり，基礎的な調査技術を修得した人材が必要とされている．しかし，海洋における調査では多くの場合，船舶の利用（図1）が必要になるなど，陸上での調査に比べて実施上障害となる点が多いうえ，専門的な技術や知識が要求される．更に海洋には漂泳層，海底，沿岸，沖合，岩礁，砂浜というように大きく異なる多様な環境があり，それに応じて調査技術も様々に必要とされる．従って，何を対象としてどのように調査を行うのか，機器の扱いはどのようにするのか，必要なものは何か，そして安全に調査を行うためには何に注意する必要があるのかについてなどを知っておかなければならない．本項では，特に沿岸域で船舶を使って行うプランクトン調査と採泥によるベントス調査について述べることにする．

2. フィールドワークにおける注意

　船舶を利用するフィールド調査では，安全について常に意識しておかねばならない．大まかにいえば，特に重大な事故に繋がりやすい危険なものは「動くもの」，もしくは動く可能性のあるものである．これは必ずしも物の大小や軽重を問わない．
　たとえば，船体は常に波によって動揺している．デッキは海水で濡れているので滑りやすく転倒の危険がある．従って，サンダルやハイヒールなどの足元が危うい履物は不可であり，水濡れ対策も考慮すれば長靴が望ましい．更に海への転落の危険もあるのでライフジャケットの着用は当然であるが，不用意に舷側に立ったり，手すりに腰掛けたりすることが大変危険であることも理解しておかなくてはならない．船体動揺はいとも簡単に人

図1　小型船による調査

をひっくり返してしまうので，たとえ船酔いをしても嘔吐のために手すりから船外へ大きく身を乗り出してはならない．逆にデッキへの嘔吐は簡単に掃除もできるので，むしろそのほうが望ましい．また，調査機材も動くものが多い．作業中は採泥器など重量物や，ロープ，ワイヤー，ウィンチなどを狭い船上で扱う．吊り下げ中の採泥器が船の動揺により船体に当たりそうになっているときは見るからに危険であるが，デッキに置いてある繰り出し中のロープの束は一見危険そうに見えない．しかし小さなプランクトンネットであっても曳網中のロープには何十キロ，大きなネットではトン単位の張力がかかっており，置いてあったロープやワイヤーは伸びた途端に突然跳ね上がる．それを跨いだり踏んだりしていればたちまち転倒したり，ひどい場合には巻き込まれてしまう．また，ロープのウィンチは強大なトルクで作動しており，ひらひらした服や長い髪が巻き込まれると悲惨な事故に繋がる．

こういったことへの対策は船員や管理者の注意だけでは明らかに不十分で，むしろ現場で動く調査者（学生）のひとりひとりの意識が最も重要である．安全を他人任せにすれば大なり小なり事故の発生防止は困難になる．フィールドでは特に動く物やその可能性のあるものは何なのか，そしていつどのように動くのか，そこにどのような危険があるのかを予想して行動しなければならず，そのためにもフィールドワークにおける作業手順や機器の取り扱いの理解は欠かすことができない．

3. 調査ポイント（ステーション）の設定と調査実施計画

調査ポイント（船舶を使う調査ではステーションとよばれる）の取り方は研究上必要な分析の目的に沿って設定されるためその時々によって様々な形があり得るが，ここでは生物相と環境の関係を概観するため，一般的にいって必要になる方法

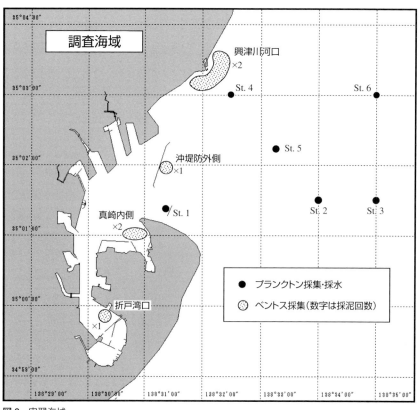

図2　実習海域

について述べる．

　生物の分布は環境の変化に伴って変化していく．理想的には対象海域の広い範囲でランダムに多数の調査ポイントが設定され，環境の変化を十分カバーできればよいが，船の運航上の制約など実際には様々な事情からそうは行かない．そのため，調査ポイントの設定は予想される環境傾度に沿った形で設定されることが多い．たとえば，図2には実習で行っている三保半島周辺のステーションが示されている．この海域はかなり岸に近い沿岸域であるため，水深，水温，塩分，底質など様々な環境要素が大きく変化していることが予想される．ステーション1（St.1）では水深は約20 mであるが，3では約800 mある．一般に水深が深くなれば水温は低下していくが，海底が浅い所では海水の量が少ないために気温の変化の影響を受けやすく水温も変化しやすい．また，三保半島の内側の湾部には多数の小河川が流れ込んでおり，St.4の近くには興津川の河口もある．更に図には示されていないが北側には大河川の富士川河口がある．河口域には大量の淡水が流入するため塩分は低い．つまりこの水域では距岸に伴って水温や塩分が大きく変化することが十分に予想される．

　St.1から6まではプランクトン・採水調査のステーションとして設定されている．これらは先に挙げたような環境傾度を生物相変化の説明要因として考慮しやすいように配置されている．たとえば，この範囲で水温や塩分の水平分布を分析することが可能になる．おそらくは河川からの距離によって大きく変わっていることだろう．あるいは，St.1から3にかけて，またはSt.4, 5, 2に沿って水深が大きく変わることから鉛直分布の変化を調べることも可能である．表層に広がっていると期待される低塩分の層はどの深さまで影響しているだろうか．St.6や3では駿河湾の中心部にある水塊の影響を受けていることが予想される．

　ベントスの採集海域も同様に環境の違いを考慮して設定されている．最も南側のところは折戸湾の最奥部で浅いうえに海水の交換が少ないと予想されるところ，真崎の内側は海水の交換が期待される外海と内海の境界付近，沖堤防の外側は外海の最前線，興津川河口は砂浜の外に広がる河口域に相当する．真崎の内側と興津川河口域では水深の変化を考慮した採集ポイントも設定できる．こういった環境バリエーションから有機物の供給と分解の違いのほか，底質の違いがあることも予想され，それに応じた生物相の変化も期待できる．

2. 野外調査：プランクトンの定量採集 ─────── 西川　淳

1. 目的

ここでは，小型船舶を用いた沿岸域における簡便なプランクトン調査について説明する．実際には，観測の方法は船舶の種類や艤装，船員の技量などによっても大きく異なるが，小型ウインチ（巻き上げ機）とAフレームおよび作業甲板の備わった標準的な船舶を想定し，マイクロ・メソプランクトンの定量採集を目的とするネット採集と，そのほか調査の際に同時に行うべき事項について紹介する．なお，得られた試料の実験室での分析方法については，別節で紹介する．

2. 方法

作業項目

鉛直曳ネット採集（NORPACネット・シングルタイプ），水温・塩分測定，船位測定

必要な物品類

船で使用するもの

(1) プランクトンネット（図1）：様々なプランクトンネットが存在するが，ここではわが国の沿岸域でのプランクトン定量採集の際に使われることの多いNORPACネット（北太平洋標準ネット；元田 1957）シングルタイプを使用した例を紹介する．本ネットは，口径45 cm，濾過部側長180 cmであり，鉛直曳採集用のネットである．開閉装置も取り付け可能であるが，本項では鉛直単層採集を目的とする．装着する網の目合は対象とするプランクトンのサイズや分布様式，遊泳速度などの生態特性を考慮して決めるべきであるが，メソ動物プランクトンを対象とするなら335 μm程度，沿岸の大型植物プランクトンやマイクロ動物プランクトンを対象とするのであれば100 μm程度がよく用いられる．なお，NORPACネットには両者が同時に

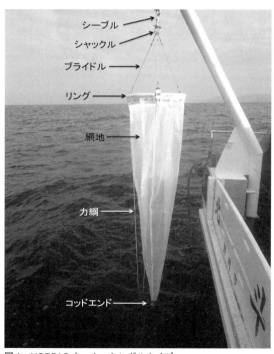

図1　NORPACネット・シングルタイプ

図2　濾水計．上部のプロペラが水中で回転し，側部の針の位置で回転数を読み取る．この製品には3針タイプ（1万回転まで）と4針タイプ（10万回転まで）がある．採集深度200 m程度であれば3針タイプでよい．

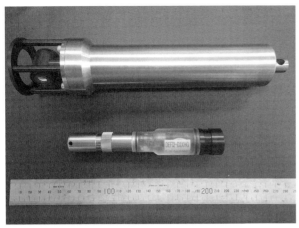

図3 メモリ式水温・塩分計（上），水深計（下）．

図4 傾角度計．上部の溝2ヶ所にワイヤーをあてる．盤面の裏側にレバー式の針のストッパーが付いている．針からワイヤー傾角（ワイヤーの鉛直線に対する角度）を読み取った後，繰り出し線長を鑑み，傾角補正表を用いて追加の繰り出し線長を決定する．

装着できるツインタイプも存在する．
(2) 濾水計（図2）：機械式の3針，もしくは4針のタイプがよく使われる．ネットのリング部にロープなどで装着する．その際，リングの中心部は避け，網口部に対して傾斜しないようにしっかり固定する．
(3) メモリ式水温塩分計，水深計（CT・TDロガー）（図3）：水温，塩分を測るもので，これら以外にもCTD，吊り下げ式の水質センサーなど様々なものがある．
(4) 試料処理物品：試料瓶（250〜500 ml），中性ホルマリン（原液．ボラックスなどであらかじめ中和しておく），耐水ラベル，バケツ類，手付きビーカー，バット
(5) そのほか：傾角度計（図4），傾角補正表，野帳（耐水紙が望ましい），鉛筆，油性マジック，携帯型GPS，ビニールテープ，工具類

船上作業

甲板上で船員の補助を受け，3名程度で行うことを想定した作業を紹介する．

GPSによる船位測定

測点到着後，船のブリッジ内もしくは持参した携帯型GPSにより位置を記録する．記録の際は，表記のフォーマットに注意する．たとえば「35°-20.25'N」のように小数点以下が10進の分で示されていることが多いが，10進の度で表示されていたり，度，分，秒で表示されていたりすることもある．いずれの表記の方法であるのかわかるように野帳に記録する．

測深機による深度測定

船のブリッジ内にある測深機により水深を読み取り，野帳に記録する．

水温・塩分の観測

水温・塩分の観測には，CTD，吊り下げ式の水質センサーなど多種多様な測器類がある．ここでは比較的簡便なメモリ式の水温・塩分計および水深計（以下，CT・TDロガー）を使用する場合について説明する．あらかじめ時間間隔など（基本的には最短時間間隔，もしくは毎秒1データ）を記録設定したCT・TDロガーを各調査地点で水中に降ろし，調査時の水温と塩分を記録する．ウインチのワイヤー先端部に錘を付け，その接続部もしくはワイヤーにクランプなどを用いてCT・TDロガーを取り付ける．ワイヤーを繰り出し，ロガーが着水した時刻を野帳に記録する．更に決められた水深までゆっくりとワイヤーを繰り出し（毎

秒 0.1～0.5 m 程度），測定深度に達したら時刻を記録して，そのまま 30 秒ほど放置する．次にゆっくりとワイヤーを巻き上げる（毎秒 0.5 m 以下が望ましい）．ロガーの観測時間間隔にもよるが，ワイヤーの上げ下ろしが速すぎると欠測水深が出るので注意する．

鉛直曳プランクトン採集

ウインチの先端のワイヤーをシャックル，シーブルを介してプランクトンネットのブライドルに接続する（図1）．力綱の下端にはシャックル，シーブルを介して錘を接続する．錘は NORPAC ネットの場合は 10～30 kg 程度が適当である．

ウインチを使ってワイヤーを巻き上げ・繰り出し操作を行い，ネットを海面に投入する．ネットの網口の面が水面に到達した時点でウインチの線長計を 0 m にリセットする．その際の時刻と位置を野帳に記録する．その後，所定の水深までワイヤーを徐々に繰り出していく．所定の水深に達する前に傾角度計を使って傾角を測定する（図4）．得られた傾角から傾角補正表を利用して，追加の繰り出し長を決定する．なお，ネットの推定到達深度 D は，傾角度板を用いて測ったワイヤーの鉛直線に対する角度（ワイヤー傾角 θ）とワイヤーの繰り出し長（L）から，

$$D = L \cos\theta$$

で求められる．

所定のワイヤー長に達したら 10 秒ほど静置，その後，ネットを一定の速度で引き上げる．毎秒 0.5～1 m の速度で一定に水面まで曳網することが望ましい．船上よりネットを視認し，その後水面に到達時に時刻と位置を野帳に記録する．

船に揚収後，海水をネットの外側から手付きビーカーなどを利用してかけ，ネットの内側に付いたプランクトンを丁寧にコッドエンドに落とし込む．何度かこの作業を繰り返し，ネットの側面に付着したプランクトンがないか眼で丹念に確かめる．コッドエンドに集められたプランクトン試料は十分な海水と共に試料瓶に移す．更に，中性ホルマリン原液を試料（海水含む）全体の 1/10 の量になるように加える（10％）．加えたあとに，ホルマリンが均等に行き渡るようにゆっくりと試料を攪拌する．各試料瓶には，必ず日時，採集場所，採集方法，採集層を鉛筆で記入した耐水ラベルを入れる．試料瓶の蓋にもあらかじめ耐水性マジックなどで，同様の情報を記入しておくとよい．固定した標本は暗所にて保管する．

次の採集を行う前に，コッドエンドを開いたままネットの外側から水をかけて洗う．

ネットに装着した濾水計の回転数を読み取り，野帳に記録する．読み終わった回転数は必要に応じてリセットする．

片付けなど

船が帰港したら観測用品を陸揚げし，プランクトンネット，濾水計，ロープ類，工具など海水に触れたものはすべて真水に浸して塩を抜く．ネットは分解し，洗浄後によく乾燥させる．

3．結果の整理

・濾水量の推定

ネットが濾過した水の量（濾水量）を，濾水計の回転数から見積もる．濾水量は以下の式を用いて推定する．

濾水量 (m³) ＝ 網口面積 (m²) × 濾水計係数 (m /回転) × 濾水計回転数（回転）

ここで，濾水計 1 回転当たり進む距離（m），すなわち濾水計係数は，濾水計ごとにあらかじめ校正作業を行って得ておく．

なお，ネットで採集されたプランクトンの量（重さ，個体数）をネットが濾した水の量（濾水量）で割ったものが，生物量（重さの場合）および個体数密度（数の場合）である．求め方については，次節「実験室におけるプランクトン・ソーティングと定量」で説明する．

引用文献

元田 茂．1957．北太平洋標準プランクトンネットについて．日本プランクトン研連報，4: 13-15．

3. 実験室における動物プランクトンの定量 ── 西川 淳

1. 目的

野外調査で得られたプランクトン試料の実験室での簡便な分析法について説明する．ここでは，動物プランクトンの定量とソーティング，生物量と個体数密度の算出方法について理解することを目的とする．

2. 方法

作業項目

動物プランクトンの生物量の測定，ソーティングおよび個体密度の算出

必要な材料，物品

プランクトン固定試料，メッシュ（100 μm 程度），濾紙，電子はかり，試料分割器（フォルサム式，元田式など．それぞれ図1, 2），ピペット（ステンシルピペットなど．図3），シャーレ，実体顕微鏡，柄付き針，数取り器（カウンター．図4），図鑑類

作業と結果の整理

(1) プランクトンの生物量（湿重量）の測定

プランクトンの生物量を表す方法として，湿重量，沈殿量，排水量，乾燥重量，有機物重量（炭素量，窒素量など），カロリー量などがあるが，ここでは比較的簡便に行うことができ，換算係数などを用いてほかの生物量に変換可能である湿重量（wet weight）について説明する．

まず，あらかじめ重さを測定しておいたメッシュの上にプランクトン試料を載せて濾し，水分を十分に切る．このときに用いるメッシュの目合は，採集時に用いたプランクトンネットの目合いより若干細かいものが望ましい．たとえば，335 μm のネットで採集したものの場合，100～300 μm のものを用いる．

ある程度水分を除いたあと，メッシュごと濾紙の上に載せ更に水分を取る．この際，プランクトンを圧縮しないように気を付ける．水分が濾紙に滲まなくなるまで脱水し，ただちに電子はかりなどを用いて秤量する．得られた測定値からメッシュの重さを差し引いて，試料の重さを算出する．これを採集時のネットの濾水量（前節参照）で除することにより，単位容積当たりの生物量として表す．生物量は，1 m³ 当たりの重量（たとえば，mg / m³）として表されることが多い．

生物量（mg / m³）=［メッシュごとの測定値
　　（mg）－メッシュの重さ（mg）］/ 濾水量（m³）

(2) プランクトンのソーティング，個体数密度の算出

湿重量測定後，プランクトン試料をホルマリン海水液中に戻す．通常，試料の全数を計数することは困難なので，試料を分割する．分割には試料分割器やピペットを用いる．分割器にはフォルサム式（図1）や元田式（図2）などがある．ピペットは，ステンシルピペット（図3）がよく用いられる．それらを使って元の試料から一定量を計り取る．計り取る量（分割率）は，湿重量の測定値が 10 mg 以下の場合は 1/10 を計り取り，10 mg 以上ある場合は 1/20 から 1/40 程度がよい．湿重量の測定値が 1 mg 以下の場合は全量を採取する．

計り取った試料をシャーレに移し，実体顕微鏡を用いて検鏡し，数取り器（図4）を使って計数する．シャーレに水が足りない場合はごく少量足して作業しやすくするが，水を入れすぎるとプランクトンが分散，浮遊するので作業しにくくなる．シャーレは底に格子の入ったものを用い，格子ごとに計数していくと確実に計数できる．分類群ごとに計数する場合は，ピンセットや柄付き針などを使って，別途指定された分類基準に従ってプランクトンを分けながら，計数する．表1に代表的な動物プランクトンの高次分類群を示した．

記録した分割率とプランクトン計数値から，

図1 フォルサム式試料分割器．まず，水平器などを使って水平に置かれていることを確認する．試料を上部の円形容器（ドラム）に入れた後，数回回転させてよく攪拌し，試料を均一に分布させたのち，下部にある2つの受け容器に移す．水位が同じでなければ，やり直す．壁面の付着したプランクトンも取り逃すことの無いように洗瓶などできれいに洗い流す．

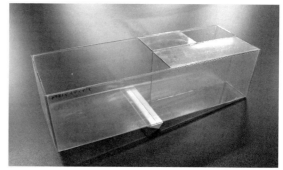

図2 元田式試料分割器．原理はフォルサム式と同様であるが，より簡略な作りとなっている．分割した片方の試料は分割器に残るので，必要に応じてそのまま再分割できる．

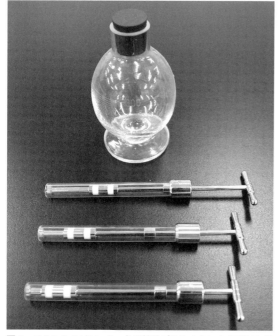

図3 ステンシルピペット．主に植物プランクトンの分割に有用．奥の瓶に試料を入れたあと瓶の特定の目盛りまでメスアップする（試料を含む水の容積を記録）．手前の様々な容量の取手付きピペットを使って，攪拌した試料の中から一定量を計り取る．

図4 数取り器．

表1 主なメソ動物プランクトン高次分類群．ただし，分類階級はそれぞれ異なる．

Hydrozoa（ヒドロ虫類）	Isopoda（等脚類）
Cubozoa（箱虫類）	Copepoda（カイアシ類）
Scyphozoa（鉢虫類）	Mysida（アミ類）
Ctenophora（有櫛動物）	Amphipoda（端脚類）
Chaetognatha（毛顎動物）	Euphausiacea（オキアミ類）
Polychaeta（多毛類）	Decapoda（十脚類）
Heteropoda（異足類）	Platyhelmintha（扁形動物）
Thecosomata（有殻翼足類）	Appendicularia（尾虫類）
Gymnosomata（無殻翼足類）	Pyrosomatida（ヒカリボヤ類）
Cephalopoda（頭足類）	Doliolida（ウミタル類）
Cladocera（枝角類）	Salpida（サルパ類）
Ostracoda（貝形類）	Pices（魚類）

試料内の全個体数に換算し，一網で採集された個体数とする．更に，それをネットの濾水量（前節参照）で除することにより，単位容積当たりの個体数，すなわち個体数密度を求める．個体数密度は，通常 $1 m^3$ 当たりの個体数（individuals / m^3）として表す．

個体数密度（inds. / m^3）＝計数した個体数×分割率の逆数* / 濾水量（m^3）

*たとえば，1/10 の場合，10倍する．

4. 採水とクロロフィル濃度測定 ―――――――――― 堀江　琢

1. 目的

　植物プランクトンは水中の一次生産者であることから，生態系を把握するうえで最もベースとなる生物であり，その量を知ることは極めて重要である．水中の植物プランクトンを測る方法として，プランクトンネットで採集した試料を直接計測する方法があるが，非常に微細で膨大な量が存在するため多大なる労力が必要となる．ほとんどの藻類には種類に関係なくクロロフィルaを持つことから，一定の水の中に含まれるクロロフィルa量を測ることで，間接的に植物プランクトンの量を知ることができる．すなわち，その海域の一次生産力の指標として利用できる．そこで，本実験では採水方法を学ぶとともに，分析方法について学ぶことを目的とする．

2. 解説

　本実験は，植物プランクトン内にあるクロロフィルを溶媒に溶かし出し，その溶け出した緑色の濃淡について分光光度計を用いて測定するものである．抽出した色素の吸光度は時間とともに減衰するので，すぐに分析することが好ましいが，やむえない場合は遮光して$-20℃$で保存し，なるべく早く分析を行う．分光光度計以外にも，蛍光光度計や高速液体クロマトグラフィーを用いる方法もある．

　本実験で測定する吸光度とは，ある光の波長が吸収される度合いを測定するものである．測定に用いるガラスセル（石英セル）は，両面が磨りガラス状になっており，別の両面が透明となっている．この透明部分に光を通すので，この部分が汚れていると光の拡散や吸収が起り，満足な測定結果を得ることができない．透明部分は絶対に触れず必ず磨りガラス面を持ち，万一透明部分が汚れた場合は，きれいに拭き取らなければならない．検液で汚れた際は汚れを引き伸ばさないよう，下から上に向かって拭き上げるとよい．また，測定の際には必ず共洗いを行い，測定は濃度の薄いものから順に測定を行う（図1）．

3. 使用器具

野外調査用：①バンドーン採水器，②メッセンジャー，③濾過吸引器，④濾過鐘，⑤濾過器，⑥濾過器用クリップ，⑦濾紙，⑧メスシリンダー，⑨採水ボトル，⑩ピンセット，⑪ 10 ml遠沈管，⑫ 90%アセトン，⑬遮光用アルミ箔，⑭クーラーボックス

室内調査用：⑮乳鉢，⑯超音波洗浄機，⑰遠心分離機，⑱分光光度計，⑲ガラスセル，⑳キムワイプ，㉑パスツールピペット

4. 操作

（1）採水

①バンドーン採水器の上下栓を開放し，ワイヤーに固定する．（図2）

②採水層まで降ろし，メッセンジャーを投入してバンドーン採水器の栓を閉じる．ワイヤーの傾角（θ）を測ることで，繰り出したワイヤーの長さ（a）から正確な深度（$a \times \cos\theta$）が求まる．

③試料を採水ボトルに入れ，そこから1 lを測り取り，濾過鐘に取り付けた濾過器にて吸引濾過を行う．このとき吸引力が強いと，濾紙が破れるので注意する．また，植物プランクトンが多いときは目詰まりを起こすので，濾過する水の量を調整する．

④ピンセットを用いて濾紙を遠沈管に丸め入れ，10%アセトンを加える．

⑤遠沈管の番号と採水位置，水深を記録し，アルミ箔で遮光して，クーラーボックスに保存する．

⑥持ち帰った試料はすぐに分析することが望ま

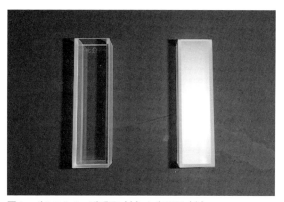

図1　ガラスセル：透明面（左）と磨り面（右）

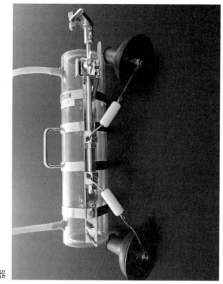

図2　バンドーン型採水器

しいが，保存するならば−20℃で冷凍保存する．

(2) 分析

① アセトンから濾紙を取り出し，乳鉢にてすり潰し遠沈管に入れる．濾紙でセルロース混合エステルメンブランフィルターを用いた場合は，溶けるのでこの操作は必要ない

② 試料の入った遠沈管を超音波洗浄機に10分間入れ攪拌する．

③ 90％アセトンを正確に10 mlまで加え，遠心分離器にて3000 rpmで10分間回し沈殿させる．

④ 上澄み液をパスツールピペットを用いてガラスセルに入れ，分光光度計にて750 nmの値をブランクとして，663 nm，645 nm，630 nmで測定する．

5．結果のまとめと考察

(1) 得られた吸光度（E）から以下の式を用いて検液中のクロロフィルa濃度を計算する．

クロロフィルa $(\mu g / ml) =$
$11.64 E_{663} - 2.16 E_{645} + 0.10 E_{630}$

(2) 本実験では1 lの海水から10 mlのアセトンに濃縮したものである．海水1 l当たりの濃度に換算する．

(3) 海域別に水深ごとのクロロフィル濃度をプロットし，その変化についてプランクトンネットで採集したプランクトン量や，水温，塩分などの環境要因を考え考察を行う．

参考文献

三沢松子・安部郁子・安部時男．2002．クロロフィル測定における前処理操作の影響．宮城県保健環境センター年報，第20号：157-159．

5. ベントス調査 ———————————————————— 大泉 宏

1. 目的

ベントスとは海底に生息する生物の総称である．よってその中には様々な生物群が含まれており，一言にベントス調査といっても実際には様々な方法がある．ここでは，採泥器を使った採集方法による小動物一般の調査方法を示し，次項ではその標本による硫化物測定方法も示す．得られた生物の種類や量，底質や溶存酸素，硫化物量を総合して標本が得られた海域の環境評価などを行うことができる．

2. 方法

作業項目

採泥，測深，塩分・水温・DO 測定，透明度測定，船位測定，天候観測

船で必要なもの

スミス・マッキンタイア型採泥器，受け用コンテナ，たらい，ふるい（1 mm 目），ピンセット，バット，2 l ポリビン，チャック付きビニール袋，耐水ラベル，鉛筆，ホルマリン原液，スポイト，透明度板，水色計，CT・TD ロガー，DO ロガー，野帳，クリップボード，軍手，カッパズボン，長靴．

作業

(1) GPS による船位測定

　船の GPS 表示器を見て，調査ポイントの緯度と経度を記録する．小数点以下が 10 進の分までで表示されているか，もしくは秒までで表示されているかに注意し，正確に記録すること．

(2) 測深儀による深度測定

　船の測深儀の表示を見て海底までの水深を記録する．

(3) 透明度測定

　風上側の舷側から透明度板を投入する．セッキー円盤が見えなくなるまで下ろしてから見えるまで引き揚げる作業を3回ほど繰り返し，セッキー円盤が見える限界の深さをロープに付いた目盛りを使って測定する．

(4) 水温・塩分の観測

　ウインチのワイヤー先端部に錘を付け，その手前に1秒間隔に記録設定した CT・TD ロガーを取り付けるか，もしくは採泥器上部にロガーを取り付ける．前者の場合はワイヤーを手動で繰り出してロガーを毎秒1 m 程度でゆっくり下ろす（急に下ろすと海底に激突する）．錘，もしくは採泥器を着底させてからゆっくりと引き上げる．いずれの場合も着水時刻を，採泥器に取り付けた場合には着底時刻も記録しておくこと．

(5) 溶存酸素測定

　CT・TD ロガーと同様に DO ロガー（溶存酸素計）を各調査地点で降ろし，溶存酸素濃度を記録する．

(6) 採泥

　スミス・マッキンタイア型採泥器をまずセットする（図1）．セットするときには採泥器の上部を引き上げて掛け金に掛け，バケットのハンドルを上げてアームの切欠に掛ける．最初に投入する前に一度船上でセットした採泥器のトリガーを上げて正常に作動するかどうかをテストする．セットが完了したら採泥器をウィンチで吊り上げ，目的の海底に下ろして採泥を行う．着底した時刻と船位を記録する．採泥器を船上に上げたら，バケットのハンドルを上げ，受け用コンテナ上で泥を落として回収する．一度で十分な量が取れることもあるが，固く締まった砂地などでは十分取れないときもある．その場合は十分量が取れるまで，何度か採泥を行う．採泥の回数を必ず野帳に記録する（図2）．

　採取した砂泥は，まず，色・臭い・ヘドロか砂などの性状を観察・記録する．一部（10 g 以上）をチャック付きビニール袋に取り，空気を抜いて密閉する．ビニール袋の表面にマジックで採集場所と水深を書いて持ち帰る．次にふるいに泥を入れ，海水の入ったたらいの中で底生動物と砂泥を分離する．このとき，たらいの中

図1 スミスマッキンタイアをセットする

沿岸環境実習採泥観測

日付：		風向：		気温：	ロガー＃：
船名：北斗	天候：	風力：		湿度：	

北-1（沖堤防外側）

緯度：		水深：	水色：
経度：		透明度：	底質：ヘドロ状・砂泥・砂・砂礫
採泥器投入時刻			
1回目：	標本所見：		ロガー投入時刻：
2回目：			
3回目：			
4回目：			
5回目：			
6回目：			

北-2（興津川河口5m）

緯度：		水深：	水色：
経度：		透明度：	底質：ヘドロ状・砂泥・砂・砂礫
採泥器投入時刻			
1回目：	標本所見：		ロガー投入時刻：
2回目：			
3回目：			
4回目：			
5回目：			
6回目：			

北-3（興津川河口20m）

緯度：		水深：	水色：
経度：		透明度：	底質：ヘドロ状・砂泥・砂・砂礫
採泥器投入時刻			
1回目：	標本所見：		ロガー投入時刻：
2回目：			
3回目：			
4回目：			
5回目：			
6回目：			

図2 ベントス調査野帳

でふるいを回して常に砂泥全体がふるいの中で動いているようにすると比較的短時間で分離ができることが多い．ふるいに残ったものをトレイに移す．トレイの中身すべてを少量の海水とともに2 l サンプルビンに移す．10％強の濃度になるようホルマリンをサンプルビンに入れ，採集場所と日時を記したラベルを入れる．

たらいや甲板にこぼれた砂泥は海水で洗浄する．

(7) 片付けなど

船が帰港したら観測用品を陸揚げし，採泥器など海水に浸けたものは真水で洗って塩を抜く．

実験室での作業
作業項目
ベントスのソーティングと計数，硫化物濃度測定
必要なもの
標本，ふるい（1 mm目），ホルマリン廃液入れ，バット，ピンセット，柄付き針，シャーレ，カウンタ，実体顕微鏡，図鑑類，ガス検知管，ガス発生管，ガス採取器，乾燥器，精密秤，アルミフォイル，硫酸，蒸留水．

ベントスのソーティングと計数

ホルマリンで固定されたサンプルビン中の内容物を小型のふるいにあける．その際，ふるいの下にホルマリン廃液を回収するための容器を置き，ホルマリン液は回収する．ふるいに残ったベントスを含む砂などは，水道水でホルマリンを抜く．その後，それをバットにあける．扱うサンプル量が多すぎる場合には，一定量を分割してサブサンプルとするが，分割比を記録しておく．

バットにあけた底生動物を含む砂などの一部を別のバットに取り，水道水を少量入れる．底生動物を含む砂などを肉眼または実体顕微鏡を用いて観察し，ベントスを柄付き針やピンセットでシャーレに移す．その際，すでに殻だけになっている貝などは生物としては扱わない．この作業を何回か繰り返してサンプルをすべてソーティングする．移したベントスを図鑑などを参考に種類を同定し，種別の個体数を計数する．種類までの同定が難しい場合は，目あるいは科，属レベルでもよい．回収した底生動物の密度は，採取面積（採泥面積×採集回数）当たりの種数，個体数，湿重量で表される．

6. 無脊椎動物の形態観察

田中克彦・西川　淳

1. 目的

　ある生物の外部形態および内部形態を観察することは，対象生物の体の作りや仕組みを把握し，その生理・生態学的適応を理解するうえで最も基本的な作業である．また，そうした形態学的特徴を分類群間で比較することは生物の進化過程を考察するうえでも重要である．更に，野外調査において多種多様な生物に相対した際には，それらの形態学的情報に基づいて個々の生物を同定する必要性が生じるだろう．ここでは生物学の様々な分野・作業の基本となる形態観察について，海産の無脊椎動物を例にとって紹介する．ただし，無脊椎動物には数十のグループが含まれるうえに各グループ中における形態もしばしば多様であり，限られた紙面の中で無脊椎動物全体を網羅することは不可能である．ここでは海洋に産する無脊椎動物の中でも主要で，入手が比較的容易な分類群である環形動物多毛類，軟体動物，節足動物甲殻類，そして，浮遊生物として輪形動物を取り上げた．

2. 解説

　無脊椎動物という区分．無脊椎動物とは背骨を持たない動物の総称である．ホイッタカー（Whittaker, 1959）が提唱した生物5界説中においては，動物界には多細胞の動物である後生動物が含まれ，それらのみが"動物"とよばれる．従って，無脊椎動物も後生動物から構成されるが，便宜上，繊毛虫類などの原生生物も合わせて取り扱われることがある．背骨の有無によって動物を二分する方法は直感的に理解しやすい面もあるが，無脊椎動物が数十の動物門に細分され，100万種以上（その多くは節足動物門の昆虫が占める）を数えるのに対して，背骨のある動物は脊索動物門中の2亜綱5万種程度に留まっており，動物界をうまく二等分しているわけではない．

3. 方法

(1) 材料

①環形動物多毛綱（ゴカイ科 Nereididae）：多毛類は釣り餌としてポピュラーであり，釣具屋で販売されている．流通しているものとしてはゴカイ科，チロリ科，イソメ科のものなどがあるが，特にゴカイ科のものが入手しやすい．その主なものとしてはアオイソメなどの商品名で販売されているアオゴカイ *Perinereis aibuhitensis* があるが，輸入ものも多く，同じ商品名であっても種が異なっていたり，複数種が混在していることもある．

②軟体動物二枚貝綱（ハマグリ *Meretrix lusoria*, もしくはチョウセンハマグリ *M. lamarckii*, シナハマグリ *M. petechialis*）：軟体動物には巻き貝の仲間である腹足類，イカ・タコの仲間である頭足類なども含まれるが，ここでは二枚貝類を取り上げる．二枚貝類は食用になるものも多く，市場でも手に入れやすい．中でもハマグリ類は大型で解剖・観察がしやすい．

③節足動物門甲殻亜門（クルマエビ *Penaeus japonicus*）：節足動物はクモ類やサソリ類を含む鋏角亜門，ムカデ・ヤスデ類などの多足亜門，昆虫類からなる六脚亜門，そして広義のエビ・カニ類である甲殻亜門からなる．陸上においては昆虫類が優占するが，海洋においては甲殻類が節足動物のほとんどを占める．甲殻類の中でも，いわゆるエビ，カニ，ヤドカリの仲間は十脚目に属し，小型の動物を捕食する一方でより大型の動物の餌となるなど海洋生態系の重要な位置を占めるほか，水産的な利用価値も高い．このうち，クルマエビは養殖も盛んで，輸送方法も確立しているため，比較的容易に活きエビを入手可能である．

④輪形動物門単生殖巣綱（シオミズツボワムシ *Brachionus plicatilis* sp. complex）：シオミズツボワムシ *Brachionus plicatilis* sp. complex

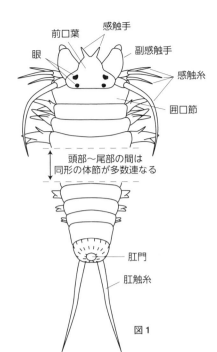

図1

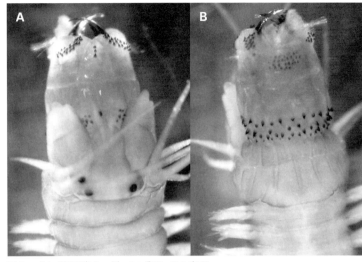

図2 ゴカイ科の吻の一例．A：背面，B：腹面

は，栽培漁業における仔稚魚の餌として用いられるほか，ペットショップなどでも海水魚などの活き餌として「ワムシ」などの名称で広く販売されており，入手が容易な動物プランクトンである．

(2) 実験器具

①解剖具（ピンセット，柄付き針，解剖鋏（分解できるもの），メス），②シャーレ・バット，③ホールスライドガラスおよびカバーガラス，④実体顕微鏡，⑤生物顕微鏡，⑥70〜80％程度のエタノールが入った洗瓶，⑦パスツールピペット，⑧ケント紙，⑨鉛筆（スケッチ用，2H程度の硬さのもの）

(3) 方法

多毛類の観察（ゴカイ科）：環形動物多毛類の体は，頭部前端の前口葉と尾部後端の肛節を除いてほぼ相同の体節からなる同規的体節構造を基本とする．口は囲口節とよばれる第2体節の前端に，肛門は肛節の後端にそれぞれ開き，頭部にはしばしば触手などの感覚器官や摂餌器官が集中する．また，頭部より後方の各体節は，通常，左右両側に1対の疣足とよばれる付属肢を具え，この疣足の形態やそれに付随した剛毛の種類・生え方などが重要な分類形質となる．

ゴカイ科の多毛類では，通常，疣足がよく発達して背肢と腹肢を生じ（二叉型疣足），頭部には感触手，副感触手，眼などの感覚器官が見られるほか（図1），翻出可能な吻を持つ．吻は先端に1対のキチン質の大顎を持つほか，表面にはキチン質の顎片や肉質突起が生じるが（図2），その形態や配置は種を同定するうえで重要である．なお，吻の形態観察のためには吻を翻出させる必要があるが，このために事前に一部の個体に麻酔をかけておく．麻酔剤としては硫酸マグネシウムやメントールがよく用いられる．

① 水を張ったシャーレに材料を入れて体全体を観察し，頭部の後方から肛節の前方にかけて同じような体節の繰り返し構造からなることを実体顕微鏡を用いて観察する．匍匐の際の体のくねらせ方や疣足の動かし方にも注意する．

② 麻酔済みの個体を取り，体内に引き込まれた吻を引っ張り出して露出させる．この際，頭部の後方をしごくようにすると口の開口部から大顎が見えるので，それをピンセットでつまんで引っ張ると上手くいきやすい．

③ 吻を引っ張り出した状態で洗瓶中のエタノールをかけ，吻および頭部を固定する．そのう

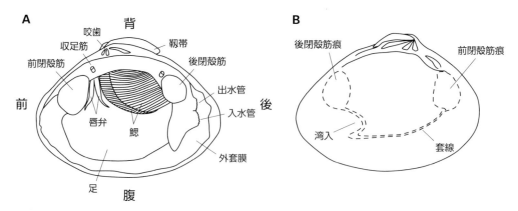

図3 ハマグリ類の基本的体制．A：左側の殻と外套膜（ただし，入水管・出水管付近を除く）を除去したところ．B：右殻の内面．

え で，頭部背面を観察・スケッチする．吻の腹面上の顎片等の配置も観察するとよい．
④尾部後端の背面を最終節である肛節を含めて数体節ほど観察・スケッチする．
⑤10～20体節程度のところで輪切りにして1体節分を切り出し，ホールスライドグラスにマウントして生物顕微鏡で観察・スケッチする．この際，特に疣足の形状や剛毛の形態・生え方に注意するとよい．

二枚貝類の観察（ハマグリ類）：軟体動物では体が外套膜によって覆われ，しばしば外套膜から分泌された石灰質の殻を持つ．二枚貝類では外套膜が体の左右から大きく張り出し，外套膜から分泌された左右2枚の貝殻が体全体を包み込む．貝殻は背方にある蝶番内面の咬歯によって噛み合い，靱帯によって連結される．体は背側に内臓塊，腹側に筋肉質の足があり，足の基部に基盤に付着するための足糸を分泌する足糸腺を持つものもある．体と外套膜の間の外套腔に左右1対の鰓（各鰓は2枚の鰓葉を持つ）を具え，左右の外套膜は後方で融合して水管を形成する．口は咀嚼器官を欠き，唇弁を用いて餌を口に運ぶ．貝殻と体部は前後の閉殻筋などによって結合し，貝殻内面に残るそれらの付着痕も重要な分類形質となる．ハマグリ類は丸みを帯びた三角形の貝殻を持つ二枚貝で，閉殻筋は前後ともに発達し，水管は腹側の入水管と背側の出水管に二分される（図3）．このうち，ハマグリは近縁なチョウセンハマグリやシナハマグリとは貝殻の後背縁が直線的であること，套線の湾入が浅いことなどで識別することができる．

①前後左右の方向を確認し，蝶番，靱帯の位置・形状に注意しながら観察・スケッチする．
②解剖鋏を分解し，一方の刃を用いて片方の貝殻を外す（「貝むき」などを用いてもよい）．背側の殻縁には刃先が入りにくいので，腹側から刃を入れ，刃を背側にゆっくりと滑らせて前方もしくは後方の閉殻筋を貝殻から剥がす．このとき，内臓などを傷付けないよう，刃先を貝殻の内面に沿わせるようにするとよい．なお，この作業の際は手を滑らせて怪我をしないよう，貝殻および鋏をしっかり保持して行う．片方の閉殻筋を貝殻から剥がしたら，空いた隙間から貝殻内面に付着した外套膜の縁を剥がしつつ，もう一方の閉殻筋を貝殻から分離する．貝殻内面に付着した部位がないか確認しながら，貝殻を除去する．
③貝殻を外した側の外套膜を後端の水管を残して除去する．ピンセットで外套膜を持ち上げながら切除すると鰓や足，内臓塊を傷付けにくい．
④鰓，足を露出した状態で全体を観察・スケッチする．
⑤上記の②で外した貝殻の内面を観察・スケッチする．このとき，貝殻内面に残った筋肉などは丁寧に除去する．また，貝殻内面が濡れ

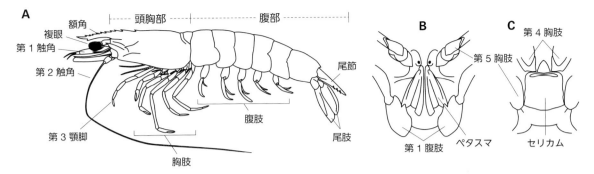

図4 クルマエビの基本的体制．A：側面，B：雄の腹面，C：雌の腹面．(Carpenter & Niem. 1998).

ていると筋肉や外套膜の付着痕が見づらい場合があるので，そのような場合はよく拭いて乾かしてから観察するとよい．

甲殻類の観察（クルマエビ）：節足動物は明瞭な体節制を示し，基本的には各体節に関節のある1対の付属肢を持つ．通常，体表は固いクチクラに覆われ，成長に際して脱皮を伴う．このうち，甲殻類では付属肢の基本形が二叉型で，二叉した部分の外側を外肢，内側を内肢とよぶが，外肢は消失していることも多い．体は，付属肢として第1-2触角，大顎，第1-2小顎が付随した頭部とその後方の胴部からなるが，しばしば頭部後方の体節が頭部に加わり，その付属肢は顎脚として口器の一部となる．また，胴部が機能分化して胸部と腹部に分かれることも多い．甲殻類の中では，食用とされるエビ・カニ類が身近であるが，これらは十脚目に属する．十脚目では頭部と胸部（8体節）が融合して頭胸部を形成し，よく発達した背甲に覆われるのが特徴で，第1-3胸肢は顎脚として口器に加わり，第4-8胸肢が鋏脚あるいは歩脚となる（図4A）．腹部は6つの腹節と尾節からなり，エビ型のものでは，よく発達して運動に用いられる．十脚目では，各節の形状や付属肢・交尾器の形態に加え，額角の形状・棘の数，背甲上の溝や棘なども同定のための手がかりとなる．

① 体全体を側方から観察し，スケッチする．このとき，眼や触角の付け根付近など，付属肢が重なって見づらいところや背甲上の溝などは柄付き針でつついて探りながら確認するとよい．

② クルマエビが属する根鰓亜目の十脚類の腹面を観察すると，雄では第5胸肢の基部に生殖孔が開口し，第1腹肢の内側にペタスマ（petasma）とよばれる雄性生殖器がある（図4B）．一方，雌では第3胸肢の基部に生殖孔が開口し，第4-5胸肢の内側にセリカム（thelycum）とよばれる雌性生殖器が見られる（図4C）．腹面をよく観察し，生殖器の特徴によって雌雄を判別する．また，生殖器周辺をスケッチする．なお，雌では交接後に形成される交尾栓（あるいは交接栓）によってセリカムがふさがれている場合があることに留意する．

③ 柄付き針，ピンセットなどを用いて顎脚など付属肢を体から外し，その形態を観察・スケッチする．このとき，付属肢の剛毛がお互いにくっついてしまわないよう，水を満たしたシャーレなどに静置して行うとよい．

シオミズツボワムシの観察：体長は0.1〜0.3 mmほどで，体は頭部，胴部，足部の3部に分かれる（図5）．頭部には繊毛環を備え，繊毛の動きにより移動，摂食，排泄を行う．胴部の体表は壺状の外甲によって包まれる．消化系は繊毛環腹側の口に始まり，食道，胃，腸などを経て後端背側の総排出腔に開く肛門に終わる（図5）．咽頭部は咀嚼嚢となり，内部に石灰質の顎歯を有する．足部は先端に爪を持ち，動かすことが

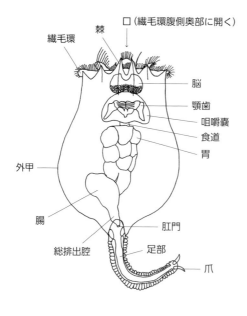

図5 シオミズツボワムシ *Brachionus plicatilis* sp. complex 背面図（雌，S 型）．消化系各器官の位置を模式的に示した．

でき，遊泳時の舵や跳躍器官として機能する．
シオミズツボワムシ *Brachionus plicatilisc* sp. complex は飼育が容易なため，栽培漁業における仔稚魚の餌として重要な役割を果たしており，動物プランクトン研究のモデル生物としても重用されている．従来，形態種として大型で冷水性の L 型，小型で暖水性の S 型，SS 型などが知られ，L 型の *Brachionus plicatilis* に対して，S 型，SS 型をそれぞれ，*B. ibericus*，*B. rotundiformis* と別種として扱われることもあったが，近年の分子生物学的研究により，本種は少なくとも 14 種の隠蔽種を含む複合種（species complex）からなることが明らかになったため，*Brachionus plicatilis* sp. complex とよぶのが適当であるといえよう（Suatoni *et al.* 2006）．ただし，生物材料として本種を扱う場合には，形態種としての *Brachionus plicatilis* sp. complex の L 型，S 型，SS 型という表現を残すという考えもある（萩原 2007）．L 型と S 型では，体サイズのほかに殻上縁の棘の形態に違いが見られる．

①シャーレに生きているシオミズツボワムシを入れた状態で用意し，そこからパスツールピペットを使用して，個体をホールスライドグラスの穴に移す．実体顕微鏡を使用して，泳ぎ方を観察する．

②5％中性ホルマリン海水溶液で固定したシオミズツボワムシを，パスツールピペットを使用してホールスライドグラスの穴に移し，カバーグラスをかける．生物顕微鏡を使用して，体全体を背側から観察，スケッチする．特に，殻の形や殻上縁の棘の形，模様に注意する．

4. 結果のまとめと考察

観察結果はスケッチとして記録し，各部の名称などを可能な限り書き込む．このとき，観察した日付，対象生物の名称（和名および学名），各部の名称（和名および英名），観察者の氏名も記載する．また，観察中に気付いたことをメモとして記載し，計数可能な形質についてはその数を数えて記録しておくのもよい．なお，正確なスケッチを行うには事前の詳細な観察が不可欠である．スケッチを行うのは，単に観察結果を記録するためだけでなく，詳細かつ正確な観察を行うためでもある．あいまいにしか描けない部分があったとしたら，不十分な観察が原因と考えたほうがよい．実体顕微鏡や生物顕微鏡などで細部を拡大して観察するのはもちろんのこと，異なる角度から観察する，光の当て方を変えてみる，触ったり動かしてみて構造を立体的に理解するなどして不確かな部分を1つひとつ確認していくとよいだろう．

参考文献

Carpenter, K. E. and Niem, V. H. 1998. FAO species identification guide for fishery purposes. The iving marine resources of the Western Central Pacific. Volume 2. Cephalopods, crustaceans, holothurians and sharks. Rome, FAO. pp. 853.

萩原篤志．2007．シオミズツボワムシの生理機能と仔魚への餌料効果に関する研究．日本水産学会誌 73: 433-436.

池田嘉平・稲葉明彦（監修）．広島大学生物学会（編）．1973．日本動物解剖図説．森北出版，東京．11 pp.

Suatoni, E., Saverio, V., Rice, S., Snell, T. and Caccone, A. 2006. An analysis of species boundaries and biogeographic patterns in a cryptic species complex: The rotifer-*Brachionus plicatilis*. Molecular Phylogenetics and Evolution 41: 86-98.

7. ウニの発生

田中克彦

1. 目的

生命の特性の1つは世代を繰り返してその遺伝子を後代に伝えることであり,生殖はその根幹に関わる部分といえる.生殖には分裂や出芽によって無性的に起こるものもあるが,いわゆる動物においては,雄が生産する精子と雌が生産する卵の受精によって新個体が生じる有性生殖が一般的である.ここでは,生命の神秘の1つともいえる受精と発生について,ウニを用いた方法を紹介する.

2. 解説

ウニの発生実験.カシパン類やタコノマクラ類なども含めたウニの仲間を用いた受精と発生の実験はよく知られており,広く一般の教科書にも掲載されている.ウニ類が用いられる理由として,海に囲まれたわが国においては得られやすい材料であること,種によって成熟時期が異なるため,適切な種を選ぶことで様々な時期に実験を実施できること,採卵・採精とその後の受精が容易であること,卵が透明で観察しやすいこと,などが挙げられる.

3. 方法

(1) 材料

成熟したウニ.外見からは雌雄の判別が難しいので,多めに準備する.様々な種が実験に利用できるが,よく用いられる種はムラサキウニやアカウニ,バフンウニなどであり,それらの繁殖期の目安はムラサキウニが6~8月,アカウニが11~12月,バフンウニが1~3月とされる.ただし,地域によって,あるいは年によってずれることもある.実験用のウニ類については,教材会社で取り扱っている場合があるほか,大学の臨海実験所などが提供していることもある.また,食用種については,新鮮な殻付き活きウニを取り扱っている業者も多い.自ら採集する場合は,採集地の漁業協同組合の同意を得て必要な手続きをしたうえで行う.

(2) 実験器具・試薬など

①解剖具(解剖鋏,メス,ピンセット),②フラスコ・ビーカーなどガラス容器類,③時計皿,④スライドガラスとカバーガラス,⑤ピペット(1~2 ml程度),⑥エアポンプ・エアストーンなど,⑦海水(重金属イオンやプランクトンなどを含まない新鮮なものがよい.外洋から組んできた海水を濾過したものなど.人工海水を用いる場合は濃度に注意し,調整後しばらく曝気して用いるとよい.),⑧1/2 M塩化カリウム溶液,⑨墨汁

(3) 実験方法

①採卵に際して,誤って精子が混入しないよう,あらかじめウニの体表を淡水で洗う.また,採卵・採精のために用いる鋏やピンセットなどについても1個体を解剖するたびに十分に洗う.精子は淡水に弱いため,これらの作業によって,意図しない精子の混入を防ぐことができる.

②ウニの口器を上にして置き,ピンセットを用いて口器を取り除く(図1A).口器と殻を繋ぐ周口膜のために口器を除去しづらいときは解剖鋏やメスを用いて周口膜を切断する.口器が除去できたら,裏返して口部から殻内の体腔液を流し出す.

③海水を満たした小型の容器(三角フラスコや小型のビーカーがよい)の上に,反口側の囲肛部(生殖孔が位置する)が海水に浸るよう,ウニを逆さに載せる.このとき,棘が邪魔になるようであれば,鋏やピンセットで除去する.

④口の部分(口器を取り除いた後の開口部)から1/2 Mの塩化カリウム溶液をピペットで滴下する(数滴程度~).しばらく待つと放卵もしくは放精が始まる(図1B).

⑤生殖孔から出てきたのが卵であった場合(1つひとつの卵の粒が確認できる)は,そのま

図1 採卵・採精．A：口器の除去．B：放精を始めたキタムラサキウニ．

ま放置して放卵を継続させる．放卵が止まったら，卵が容器の底に沈むまで静置し，その後に上澄みを捨て，新鮮な海水を満たす．この操作を2～3回繰り返し，卵を洗浄する．精子が出てきた場合（煙状に見える）は，容器からウニを外し，空のシャーレの中に逆さに置いておくことで採精される．採精後はシャーレに蓋をし，氷冷して保存する．

⑥採卵した未受精卵を観察する．ピペットを用いて未受精卵を少量の海水とともに時計皿に取り，生物顕微鏡にセットしたスライドガラス上に置いて検鏡する．未受精卵の表面はゼリー層という透明な層に覆われているが，海水とゼリー層の境界は識別しづらい．そこで，海水に少量の墨汁を添加するとゼリー層を確認しやすくなる．なお，観察時や試料の交換時には，対物レンズが時計皿に干渉したり，時計皿内部の海水が対物レンズに付着することがないように注意する．

⑦精子を観察する．⑤で得られた精子をピペットで少量取り，海水を加えて希釈する．この精子懸濁海水をスライドガラス上に1～2滴取り，カバーガラスを載せて検鏡する．精子が濃すぎると見づらくなるので，その場合は精子懸濁液の希釈度合いを上げて観察する．なお，精子を扱ったピペットを未受精卵の入った容器に入れると受精が起こってしまうので，精子を扱うピペットと未受精卵を扱うピペットは厳密に区別して用いる．

⑧受精膜の観察．ピペットを用いて未受精卵を少量の海水とともに時計皿に取り，⑥と同様の観察ができる状態にする．次に，精子懸濁海水をピペットに取り，時計皿の端から1滴加える．精子の添加によって受精が成立すると，精子が卵に侵入した場所から透明な膜が持ち上がって卵全体に広がるが，この膜を受精膜という．人工的に精子を与えて受精させることを媒精とよぶが，通常，受精膜の形成は媒精後の数十秒で始まり，数分内に完成する．

⑨初期発生の観察．⑤で得られた洗浄後の未受精卵に精子懸濁海水を添加し，その時刻を記録する．その後，時間経過に伴う胚の状態を確認・記録する．なお，観察中の試料の水温は15～20℃程度とし，卵が大量に得られた場合には，容器を分けるかより大型の容器に移してプロペラや吐出量を絞ったエアポンプで内部の海水を攪拌するとよい．卵が少量の場合は，海水を満たしたシャーレに静置して観察に用いてもよいが，卵が重なったり，互いに接触しない程度の密度にし，海水が蒸発しないように蓋をする．

4. 結果のまとめと考察

観察結果は適宜メモを取って整理するとともに，発生の各段階については，細胞分裂の方向や分裂した細胞の大きさに注意しながらスケッチをする．ミクロメーターを用いて，卵や精子の大きさ，ゼリー層の厚みなどを測定してもよい．媒精後の受精膜が形成されたものと形成されていないものを数え（合計数十個以上），受精率を求めるほか，第1分裂までに要した時間を記録し，その後の第2，第3，第4分裂までにかかった時間と比較する．

8. 底質の全硫化物濃度測定 ———————————— 田中克彦

1. 目的

　海底において溶存酸素濃度が低下すると，泥中の硫酸塩還元細菌の活動が活性化され，その代謝産物として硫化水素（H_2S）が排出される．硫化水素は十分な酸素の存在下ではすみやかに酸化されるが，貧酸素下では金属類と結合して金属硫化物による黒色の沈殿を形成する．金属などと結合した硫化物と遊離態の硫化物（硫化水素とそのイオン態である硫化物イオン，硫化水素イオン）を合わせて全硫化物とよぶが，一般に，海底における硫化水素の発生が貧酸素下で起こること，有機物量の増大がしばしば貧酸素条件を作り出すことから，全硫化物濃度は底質中の溶存酸素濃度や有機汚濁に関連した重要な環境測定項目となっている．ここでは，底質中の全硫化物の測定方法として，ガス検知管を用いた方法を紹介する．

2. 解説

　酸揮発性硫化物：硫化物の測定には複数の方法があるが，そのうちの1つとして，試料に硫酸を加えて試料中の硫化物を硫化水素として揮発させ，試薬を吸着させたガス検知管を用いて硫化物量を測定する方法がある．この方法はその簡便性などのために広く普及しており，それによって得られた硫化物は，しばしば，酸揮発性硫化物（Acid Volatile Sulfide, AVS）とよばれる．

3. 方法

（1）材料

　　採泥などによって得られた底質サンプル．環境的に異なる複数地点のものがあるとよい．

（2）実験器具

　　①ガス発生管およびガス採取器（キット化されたものが市販されている），②ガス検知管（①の消耗品），③ピペット（2 ml），④薬さじ，⑤精密秤，⑥乾燥皿などの容器，もしくはアルミホイル，⑦定温乾燥器，⑧デシケーター，⑨蒸留水，⑩18N 硫酸

（3）実験方法

〈硫化物量の測定〉

①1～2 g 程度の底質試料（以下，試料A）を薬さじで取り，湿重量を精密秤で測定したのち，約5 ml の蒸留水とともにガス発生管に流し込み（図1A），ガス発生管のキャップをはめる．次に，ガス検知管の両端を折り取り，指定された方向でガス採取器のガス入り口に繋ぐ．

②2 ml の18N 硫酸をピペットに取り，ガス発生管に添加する（これによって結合硫化物が遊離し，硫化水素として揮発する）．

③ガス採取器のハンドルを引き，ガスを吸引する（図1B）．吸引された気体がガス検知管を通過する際，硫化水素がガス検知管に吸着されると検知管内が変色する．

④検知管内の変色層の先端の目盛りを読み取る．なお，変色層が目盛りを超える場合はガス検知管を交換し，再度ガスをサンプリングした後，使用したガス検知管の読み取り値を合算する．

〈試料の乾燥減量の測定〉

⑤あらかじめ定温乾燥器で乾燥させておいた乾燥皿などの容器，もしくはアルミホイルで作った適当なサイズの器の重量を精密秤で測定する．

⑥底質試料（以下，試料B）を5 g 以上取って①の器に移し，精密秤を用いて試料の重量を器ごと測定する．得られた値から器の重さを除き，試料の湿重量を算出する．なお，目視で確認できる小石や貝殻片，木質などは事前に取り除いておく．

⑦試料を器ごと定温乾燥器に入れ，恒量に達するまで乾燥を継続する．

⑧乾燥終了後，デシケーター内で放冷し，乾燥した泥の重量を器ごと測定する．得られた値から器の重さを除き，試料の乾燥重量を算出

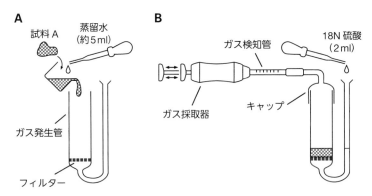

図1 測定に用いる機器と手順. A：底質試料（試料 A）を蒸留水とともにガス発生管に流し込む. B：ガス発生管にガス検知管とガス採取器を接続し, 硫酸を加えて発生したガスを採取・測定する.

する.

〈硫化物濃度の算出〉

⑨試料 B の乾燥重量（⑧で算出したもの）を湿重量（⑥で算出したもの）で除し, 試料 A の湿重量（①で計測したもの）に掛け合わせ, 試料 A の乾燥重量を見積もる.

⑩試料 A の硫化物量の値（④で測定したもの）を⑨で見積もった試料 A の乾燥重量で除すことで全硫化物（酸揮発性硫化物）濃度（g-S / g 乾泥）を算出することができる.

$$全硫化物濃度 = \frac{試料 A の全硫化物量}{試料 A の湿重量 \times \dfrac{試料 B の乾燥重量}{試料 B の湿重量}}$$

4. 結果のまとめと考察

海底において, 硫化水素の発生は微生物による有機物の嫌気的な分解と深く関わっている. そのため, 底質中の全硫化物濃度は有機物負荷が高く, かつ海水の低い流動性のために酸素供給が欠乏しがちな条件下で高い値を示す傾向がある. また, 一般に, 底質中の硫化物量の増大に伴って, 海底のマクロベントス群集も大型の甲殻類や棘皮動物を含んだ多様なものから小型の多毛類を中心とした単純なものに変化することも知られている. これらの点を踏まえ, 試料の採集地点の環境（開放的な環境か, 閉鎖的な環境か. 同時に計測したデータがあれば底層の溶存酸素はどうか, など）や試料の性状（色や粒子の細かさ, 臭いなど）を考慮に入れながら全硫化物濃度を比較する. また, 同時に得られたマクロベントス群集のデータがあれば, その種組成や多様度指数なども合わせて検討し, 硫化物, あるいは硫化物を生じるような環境が海底のマクロベントス群集に与える影響を考えてみるとよい.

9. 化学的酸素消費量 COD (Chemical Oxygen Demand)

――――― 堀江　琢

1. 目的

海洋や湖沼などの天然水域では，陸上から流入する有機物のほかに，水中で光合成によって生産された植物や，これらを餌料として成育する種々の動物遺骸に由来する有機物が存在する．水中における有機物の濃度は，水域の富栄養化，有機汚濁の指標となる．一方，懸濁態有機物は魚介類の重要な餌となる．ここでは有機物量の目安となるCODの測定法を学ぶことを目的とする．

2. 解説

CODは，一定の強力な酸化剤を用いて，一定の条件で消費される酸化剤の量を表したものであり，試水中の被酸化性物質の量を示すものである．一般に，炭素質の有機物は酸化されやすいが，窒素質の有機物は酸化されにくい．また，亜硝酸塩，第一鉄塩，硫化物なども酸化されるので，試験は試水採取後すみやかに行わなければならない．本法は有機物の種類や測定条件によって差がでるが，測定が簡便であるため広く使われており，有機物の相対的な比較の尺度として使用される．

・シュウ酸－過マンガン酸カリウム適定法

酸化還元法で酸化剤として過マンガン酸カリウム（$KMnO_4$）を，還元剤にシュウ酸ナトリウム（$Na_2C_2O_4$）を用いる．過マンガン酸は酸性溶液中で次式のように反応し，強い酸化力を示す．

$$MnO_4^- + 8H^+ + 5e^- = Mn^{2+} + 4H_2O$$

酸性にした試水に一定量の$KMnO_4$を加え，30分間加熱反応させた後，未反応の$KMnO_4$を過剰の一定量の$Na_2C_2O_4$で消費させる．

$$MnO_4^- + C_2O_4^{2-} + 8H^+ = Mn^{2+} + 2CO_2 + 4H_2O$$

次いで過剰になった$C_2O_4^{2-}$を$KMnO_4$で逆適定をして，試水に含まれる被酸化物と反応したMn^{2+}の量を求める（JIS K0102）．本法は沿岸水の場合に適用されている．

3. 方法

使用器具

①三角フラスコ（200ml），②ホールピペット（10ml），③ビュレット（50ml），④駒込ピペット⑤ビュレット台，⑥メスフラスコ（100ml），⑦温度計など．

試薬

(1) 6M 硫酸

蒸留水2に濃硫酸1をゆっくりかき混ぜながら徐々に加える．（激しい発熱反応が起きるので注意する．濃硫酸に水を加えないこと．）

(2) 硝酸銀（塩化物イオンのマスキング）

めのう乳鉢ですり潰す．塩化物イオン1gに対する硝酸銀（$AgNO_3$）の当量は4.8gである．通常の海水の塩化物イオン（18g/l）100 mlと当量の硝酸銀は8.6gで，添加量は1g足して9.6gとする．

$$Ag^{2+} Cl^- \rightarrow AgCl \downarrow$$

(3) 12.5 mM シュウ酸ナトリウム溶液（$Na_2C_2O_4$）

150～200℃で40～60分間加熱し，放冷したのち1.675gを正しく量り取り，メスフラスコにて蒸留水を加え1lとする．この溶液1mlは0.2 mgO_2に相当する．

(4) 5 mM 過マンガン酸カリウム（$KMnO_4$）

0.8gをフラスコに取り，蒸留水約1100 mlに溶かし，1～2時間煮沸する．一夜暗所に放置した後上澄み液を3G4の濾紙で濾過する．これを30分間蒸気洗浄した着色瓶に入れ，暗所に保存する．

操作

(1) 過マンガン酸カリウム溶液の標定：蒸留水100 mlを三角フラスコに取り，6M 硫酸10 ml

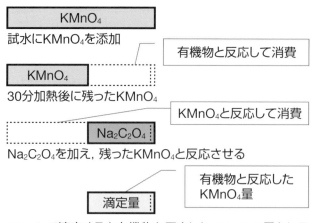

図1 逆適定の概念図

加え，12.5 mM $Na_2C_2O_4$ 溶液 10 ml を共洗いしたホールピペットで正確に加え，ウォーターバスにて加熱し，60～80℃に保ちながら 5 mM $KMnO_4$ 溶液で適定する．

別に空試験として，蒸留水 100 ml に 6M 硫酸 10 ml を加えたもので補正する．

補正した適定量（X）から $KMnO_4$ のファクター（f）を算出する．

$$f = 10/X$$

(2) 試水をよく振とうして懸濁物を均一に分散させた後，希釈率に応じた量の試水（v ml）に蒸留水を加え 100 ml として三角フラスコに入れる．空試験として蒸留水 100 ml も同条件で行う．試水の汚濁度が高い場合には，希釈する必要がある．試水の量は，反応後の残留 $KMnO_4$ が添加量の 1/2 以上残るように設定する．およそのCODの推定ができない試料では，希釈率を変えて測定し（3 段階），最適なものを選ぶ．

(3) 三角フラスコに入れた試水に 6M 硫酸 10 ml と硝酸銀 9.6 g を加えて激しく振り混ぜて，数分間放置する．

(4) 5 mM $KMnO_4$ をホールピペットで 10 ml 正確に加え，沸騰水浴中に三角フラスコを入れて 30 分加熱する．加熱の際，水面は常に試水面よりも上部にあるようにする（三角フラスコを入れると水面は上昇し，転倒しやすくなるので注意）．

(5) 加熱終了後，12.5 mM $Na_2C_2O_4$ をホールピペットで 10 ml 正確に加え酸化反応を止める．

(6) 60～80℃に保ちながら 5 mM $KMnO_4$ 溶液で逆適定を行い，薄い紅色を呈する点を終点とする．

4．結果のまとめと考察

・反応後の残留 $KMnO_4$ が，添加量の 1/2 以上の希釈率の検水を採択する．

・次式によってCODの濃度（ppm）を算出する．

$$COD(ppm) = (b - a) \times f \times (1000/v) \times 0.2$$

（a：5 mM $KMnO_4$ の適定量 ml，b：空試験の適定量 ml）

・得られたCODの値について，環境基準値やほかの水域などと比較し，有機物量から見た試水水域の汚濁度について考察する．

参考文献

日本分析化学会北海道支部（編）．2005．水の分析 第 5 版．化学同人，東京．472 pp.

10. 全リンの測定 ― 堀江 琢

1. 目的

リンは地中に広く存在する元素である．また水中にも存在しており，し尿や肥料などにも多量に含まれているため，生活排水，工場排水，農業排水などの流入により水中のリンが増加してしまう．リンは生物の増殖にとって必須の元素であるが，水中のリンや窒素などの栄養塩が多くなりすぎると，富栄養化現象を引き起こし，藻類の異常繁殖などの要因となる．ここでは水中に存在するリンの測定方法について学ぶ．

2. 解説

水中に存在するリンの形態は様々であるため，全リンとして水中のリン酸化合物の総量を測る．工場などの排水基準や湖沼・海域の環境基準に用いられる公定法には，ペルオキソ二硫酸カリウム分解，硝酸－過塩素酸分解および硝酸－硫酸分解によって試料中の有機物を分解し，この溶液のリン酸量を測定して全リン濃度を求める．ここでは比較的容易なペルオキソ二硫酸カリウム分解法を用いる（JIS K 0102）．

リン酸イオンが酸性溶液中でモリブデン酸アンモニウムおよび酒石酸二アンチモン（Ⅲ）酸カリウムと反応して生成するヘテロポリ化合物（モリブトアンチモニルリン酸）を，L-アスコルビン酸で還元し，生成したモリブデンブルーの吸光度を測定してリン酸イオン（PO_4^{3-}）を定量する．

水中のリン化合物はリン酸イオンのほか，有機化合物中に各種の形態で存在している．全リンは，試料にペルオキソ二硫酸カリウムを加え高圧蒸気滅菌器中で加熱分解し，有機化合物中のリンをリン酸イオン（PO_4^{3-}）に変えてモリブデンブルー法で定量する．

3. 方法

1）使用器具

①共栓比色管（30 ml），②分解瓶（100 ml），③メスシリンダー，④駒込ピペット，⑤メスピペット，⑥パスツールピペット，⑦ガラスセル，⑧分光光度計

2）試薬

（1）モリブデン酸アンモニウム－酒石酸二アンチモン（Ⅲ）酸カリウム溶液

12 g のモリブデン酸アンモニウム四水和物と 0.48 g の酒石酸二アンチモン（Ⅲ）酸カリウム三水和物を約 600 ml の水に溶かし，6 M 硫酸 240 ml を少しずつ加え，水で 1000 ml とする．劇物であるので取り扱いに注意する．

（2）L-アスコルビン酸溶液

L-アスコルビン酸溶液 72 g を水 1000 ml に溶かす．0～10℃の冷暗所に保存し，着色したものは使用しない．

（3）発色混合試薬

使用時に 1）と 2）を 5 対 1 の割合で混合する．

（4）リン酸イオン標準溶液

リン酸二水素カリウムを 105℃で約 5 時間乾燥し，デシケータ中で放冷後，1.433 g を水に溶かして 1000 ml とする．0～10℃の冷暗所に保存．使用時に 2.5 ml をメスピペットで取り，メスフラスコにて 100 ml とする（25 μg PO_4^{3-}/l）．

（5）ペルオキソ二硫酸カリウム溶液

ペルオキソ二硫酸カリウム 40 g を水に溶かして 1000 ml にする．

＊臭化物イオンの多い海水の場合は，臭素が生成して発色を妨害するので加熱分解の放冷後に亜硫酸水素ナトリウム溶液（50g/l）1 ml を加える．

＊試料に砒素が含まれる場合は硫酸ナトリウム－チオ硫酸ナトリウム溶液を加える．

図1 標準溶液の発色状態．リン濃度が高いほど青色の発色が濃くなり，880 nm での吸光度が大きくなる．

4．操作

(1) リンとして 2〜60 μg を含むよう希釈率を設定し，50 ml を分解瓶に取る．更に，蒸留水 50 ml にて空試験を行う．
(2) 試料の入った分解瓶にペルオキソ二硫酸カリウム溶液 10 ml 加え密封して混合する．
(3) 高圧蒸気滅菌器に入れて加熱し，約 120℃に達してから 30 分間加熱分解する．
(4) 放冷後上澄み液 25 ml を共栓付比色管に分取する．
(5) 発色混合液（2 ml）を駒込ピペットにて加えて，振り混ぜ 20〜40℃で約 15 分間静置する．
(6) 溶液の一部をパスツールピペットで吸収セルに移し，同様に空試験溶液を対照に 880 nm 付近の吸光度を測定する．
(7) リン酸イオン標準溶液（25 μgPO$_4^{3-}$/l）を，メスピペットを用いて 0，0.1，0.5，1，2，3 ml を，共栓付比色管に取り，蒸留水を加えて 25 ml とする．操作（5），（6）を行って検量線を作成する．（3）の加熱分解中に操作行うとよい．

5．結果のまとめと考察

(1) 検量線から試料中のリン酸イオン濃度（μgPO$_4^{3-}$/l）を求め，リン濃度 P（μgP/l）を算出する．

リン濃度（μgP/l）＝リン酸イオン濃度（μgPO$_4^{3-}$/l）× 0.326

(2) 上澄み 25 ml に含まれるリン量をもとめ，試料中の全リン濃度を求める．

リン量 a（μg）＝リン濃度（μgP/l）× 0.025
全リン濃度 P（μgP/l）＝ a × 60/25 × 1000/50
定量下限値 0.05 mg/l

(3) 得られた全リン濃度について，環境基準値やほかの水域などと比較し，リン量から見た試水水域の汚濁度について考察する．

環境基準

全リンの環境基準は湖沼および海域に設定されているが，河川には設定されていない．全リンの環境基準は類型別に定められており，湖沼では 0.005 mg/l 以下から 0.1 mg/l 以下，海域では 0.02 mg/l 以下から 0.09 mg/l 以下となっている．

参考文献

日本分析化学会北海道支部（編）．2005．水の分析 第5版，化学同人，東京．472 pp.

11. 魚類の標本作製 　　　　　　　　　　　　　　　　　　　　　　中山直英

1. 目的

　生物多様性に関わる学術分野において，自然史標本（以下，標本）は研究の要である．標本は現在や未来の研究材料となるだけでなく，その標本を用いた過去の研究の証拠でもある．また標本は，それが採集された際に，その生物がその場所に生息していた直接的な証拠にもなる．何人も時間を遡ることはできないため，生物が採集された際に正しく標本を残すことは肝要である．ここでは海洋で爆発的に種分化を遂げた条鰭類（一般的な硬骨魚類）を材料とし，基本的な魚類標本の作製手順を習得する．

2. 解説

　一般的な条鰭類の標本作製は以下の4つの工程からなる．
（1）クリーニングと整形：標本を作製する最初の段階で汚れや粘液などを取り除き，魚体の姿勢や鰭の形状を矯正する．これらの作業を行うことで，後の写真撮影や標本観察が容易になる．
（2）展鰭：展鰭とは魚体の鰭を広げてホルムアルデヒド溶液（以下ホルマリン）で固定する一連の作業である．条鰭類では，鰭の形，位置関係，そして基底の長さが重要な分類形質となるため，鰭を開いた状態で標本を固定すれば観察や計測がやりやすい．
（3）写真撮影：生鮮時における標本の色情報を記録するため，固定する前に標本の写真撮影を行う．生鮮時の色彩や斑紋は魚類の種を同定する際に重要な分類形質となるが，標本を固定する過程で褪色してしまうためである．
（4）固定と置換：標本をホルマリンで固定して腐敗処理を施す．ホルマリンは長期的な標本の保存には向かず，人体にも有害であるため，そのままでは観察には適さない．そのため，固定の済んだ標本はエチルアルコール溶液（以下エタノール）に置換して保管する．

3. 材料と方法

1. クリーニングと整形（図1）

（1）魚体に付着している汚れや粘液を流水や筆を用いて除去する（図1A～C）．口腔および鰓腔内には粘液が残っていることが多いので，特に注意してクリーニングする．汚れや粘液が残っていると，後の写真撮影や標本観察の際に分類形質がわかりにくくなる．

（2）体内に溜まった空気を除去し，水中で標本が沈むようにする（図1E）．細いピンセットを肛門から刺し，腹椎の直下に位置する鰾をつぶす．小型の標本では，シリンジ（注射器）を用いて鰾内の空気を吸い出せば魚体へのダメージが少ない．胃が反転して口から飛び出している場合は，適当な棒を使って胃を腹腔内に押し戻す．眼球が飛び出しているときは，眼窩の縁をメスなどで切開して空気を抜く．一部のグループでは口腔および鰓腔の皮下に空気が貯まることがあるので同様に除去しなければならない．魚体の内部に空気が残っていると，後の写真撮影の際に邪魔になったり，固定時に標本が腐ったりする原因となる．

（3）魚体を自然な姿勢に整形する．口が開いている場合，適度な力加減で口を閉じ，この状態を維持したまま数秒間押え付けると口が閉じる．体軸が大きく曲がっている場合は，標本が痛まない程度の力で矯正する．

（4）水を張ったバットなどの中で鰭を整形する．指の腹で後方から前方に向かって鰭を広げ，基底付近を数秒から数分押え付ける（図1F～H）．鰭や鰭膜の強さによって力加減を調整しなければならない．特に，背鰭と臀鰭にある最後部の鰭条は強めに癖を付けておく．こうすることで，後の展鰭が容易になる．なお，スズメダイ科やベラ科の魚では鰭膜の一部が鱗で覆われている場合が多い．そのため，鰭を整形する際に鱗が脱落しないように注意する（脱落しやすい場合は整形しない）．

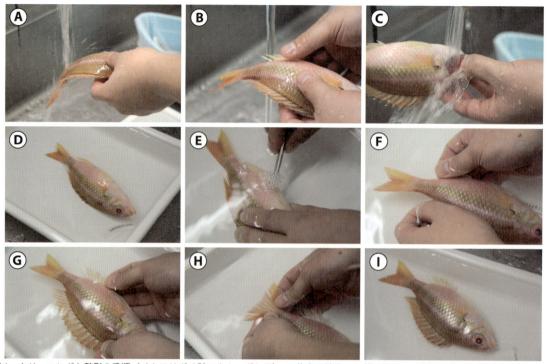

図1 クリーニングと整形の手順（イトヨリダイ科アカタマガシラ）．A 体表の洗浄．B 鰭の洗浄．C 鰓の洗浄．D 整形前の状態．粘液が残っていないか確認する．E ピンセットを用いた鰓の処理．F 背鰭および臀鰭後端の整形．G 背鰭および臀鰭全体の整形．H 尾鰭の整形．I 整形が終わった状態．ホルマリンを塗布しなくても水中では鰭が立つ．

図2 展鰭の手順（イトヨリダイ科アカタマガシラとフグ科コモンフグ）．A バットに水を張る．B〜C 爪楊枝で体を固定する．D 昆虫針で鰭条を立てる．E 腹鰭に耐水紙を載せる．F ホルマリンを滴下する．G 完成．H〜I 展鰭中の標本を腹面から見た図（I 体の正中線が曲がっている悪例）．

58——各　論

図3 陸上および水中における展鰭（イトヨリダイ科アカタマガシラ）．A, B 背鰭後半．C, D 臀鰭．白抜きおよび黒抜きの矢印は，それぞれ棘間の鰭膜と軟条の先端を示す．AとCはBとDの状態から水を抜いたもの．陸上では鰭膜の縁辺が下方に折れ曲がり，軟条の分枝が完全に閉じている．一方，水中では鰭膜が自然に開き，軟条の分枝もきれいに展開している．いずれの場合も，ホルマリンを滴下すればこの状態のまま組織が固定される．

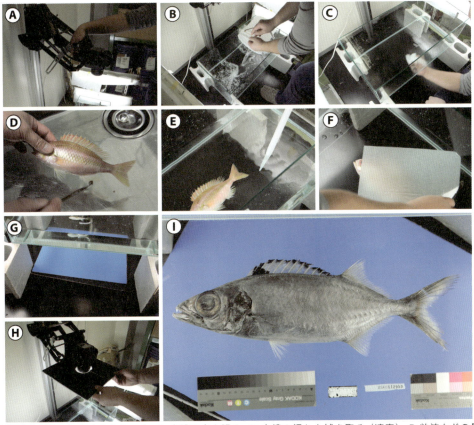

図4 標本撮影の手順．A カメラのセット．B 水槽に水を張る．C 水槽の汚れを拭き取る（適宜）．D 粘液などの最終処理．E 標本を定位させ，スポイトで水槽内のごみを取り除く．F 表面に浮いているホコリをティッシュで除去する．G 背景となるパネルのセット．H タイマーで撮影．カメラの前面を黒い板で覆い隠す．I 撮影された標本写真（クロタチカマス科エラブスミヤキ）．

2．展鰭

(1) 手元の標本が特定の分類群に同定できる場合，図鑑などを参照して鰭の数や基底の長さを確認する．鰭の特徴を正確に把握するためには，線画が掲載されているものがよい（たとえば，中坊，2013）．鰭の概形を事前に知ることで鰭条の立て忘れや鰭の見落しを防ぐ．

(2) 発泡スチロールの容器（あるいは発砲ポリエチレンシートを底面に貼った容器など）に水を浅く張る（図2A）．容器の大きさは魚が無理なく入る程度の物を選ぶ．水位は魚体の垂直鰭（背鰭，臀鰭，尾鰭など）が浸かるくらいがよい．このとき，魚体の眼が水中に沈まないように工夫する．眼にホルマリンがかかると組織が固定され，表面が白く濁ってしまう．条鰭類の鰭は水中で自然に開くため，展鰭も水中で行うほうがよい．（図3B・D）．水無しでも展鰭は可能だが，軟条の分枝や鰭膜の縁辺をきれいに開くのは難しい（図3A・C）．ここにホルマリンを滴下すれば，分枝や鰭膜も閉じた状態で固定されてしまう．また，皮弁や鬚などの柔軟な構造も，水中のほうがより自然な状態を再現できる．なお，通常魚類の標本は左体側を観察する．左体側とは，魚体の頭を上にして背面から見たときに左側にくる半身を指す．従って，鰭を立てるのも左側となる．左体側が損傷している場合は右体側の鰭を立ててもよい．

(3) 魚体を爪楊枝で仮止めし，体軸が直線になるように姿勢を整える（図2B・H）．仮止めする場所は分類群ごとに異なるが，一般に，尾柄と口を仮止めする場合が多い．このとき，魚体と爪楊枝の間に耐水紙を挟む（図2C）．こうすることで，爪楊枝が体に食い込んで跡が残るのを防止できる．

(4) 各鰭を広げ，昆虫針を使って固定していく（図2D）．腹鰭は体の側面に寄って起発しているので，広げると先端が水から出てしまう．露出した部分に濡らした耐水紙を被せる（図2E）．こうすることで，軟条全体が耐水紙に張り付き，分枝もきれいに開く．

(5) スポイトを使って鰭膜と基底付近にホルマリン原液を滴下する（図2F）．このとき，スポイトの先端が鰭や昆虫針に触れないように気を付ける．また，魚体の眼にホルマリン原液がかからないように注意し，約10分おきに2～3回ほど塗る．小型の標本では鰭膜が薄く鰭も固まりやすいので，ホルマリン原液の添加は1回でもよい．逆に，大型の標本では鰭が完全に固まるまで何度か繰り返す必要がある．

(6) 鰭が固まったら，鰭膜が破れないように注意しながら昆虫針を外す（図2G）．

3．写真撮影

(1) コピースタンド（撮影台）にカメラを水平に固定する（図4A）．カメラには市販のデジタル一眼レフカメラを用いる．可能であれば，レンズには標準ズームレンズとマクロレンズを揃え，魚体の大小によってレンズを交換する．

(2) コピースタンドの土台部分に撮影用の水槽をセットする．水槽には観賞魚飼育用の浅い全面ガラスのものを用い，コピースタンドの土台部分と水槽底が離れるように設置する（図4B）．水槽の底の下部に空間を作ることで，魚体の影を消すことができる．

(3) 水槽に標本が完全に浸かる程度の水を張る（図4B）．水槽の底が汚ければアルコールなどで汚れを落とす（図4C）．

(4) 水を張ったシンクもしくは深めのバットの中で魚体の最終的なクリーニングを行う（図4D）．最初の洗浄で落としきれなかった粘液は，展鰭のホルマリン処理で固まっているため，撮影直前の段階では容易に除去することができる．ただし，鰭の破損や鱗の脱落には細心の注意を払わなければならない．

(5) カメラのファインダーを覗きながら標本を画角の中心に定位させる．画角の中には標本を識別するタグと標本のサイズを示すスケールを入れる．可能であれば，色調補正に使うカラーチャートも入れる（図4I）．また，標本の周りに散ったゴミ（標本から脱落した粘液の塊や鱗）をスポイトなどで除去する（図4E）．水面にホコリなどが落ちている場合，ティッシュペーパーを広げた状態で水面に被せ，水平に動かしてホコリを絡め取る（図4F）．

(6) コピースタンドの土台部分と水槽の間に背景のパネルをセットする（図4G）．一般的に，背

景色には白が用いられるが，その反対色の黒も用意するとよい．可能であれば，グレーや青などの中間的な色も用意する．
(7) カメラのピント，絞り，シャッタースピードなどを設定する．セルフタイマーもしくはレリーズ（シャッターを切るためのリモコン）を用いて写真を撮影する．カメラのシャッターを直に押すと振動でピントがブレてしまう．カメラやコピースタンドの一部が水面に反射し，写真に写り込んでしまう場合，穴の空いた黒い板などでカメラの前面を覆う（図4H）．
(8) 得られた写真を確認し，ピントが魚体全体に合っているか確認する（図4I）．よければ同じ背景で露出を変え，同一アングルで撮影を繰り返す．
(9) 背景の色を変えて撮影を続ける．
(10) 複数標本がある場合，4から9の工程を繰り返す．水槽内の水が粘液などで汚れてくるので適当なところで水を置換する．

4．固定と置換

(1) 魚体に標本を識別するタグ（ない場合は，種名や採集地などを鉛筆あるいは顔料ペンで記した耐水紙）を針と糸で縫い付ける．タグを縫い付ける場所は右体側の下顎の内側，もしくは尾柄の下部が一般的である．このとき，内部骨格を傷付けないように注意する．標本が小さく，タグの縫い付けが難しい場合は，チャック付きのポリ袋に標本とタグを入れる．
(2) パッキン付きの密閉可能なタッパー容器などに，標本が完全に浸かる程度の10％ホルマリン（原液を水で10倍に希釈したもの）を入れる．原液のホルマリン含有量は37％程度なので，10倍に希釈したものではホルマリン濃度が約3.7％になるが，便宜上これを「10％ホルマリン」とよぶ．また，ホルマリンは酸化すると蟻酸になり，蟻酸は標本の骨質部を脱灰させてしまうため，中和剤として四ホウ酸ナトリウムを10％ホルマリン溶液1l当たり5g程度加える．また，大型の標本や表皮が厚い分類群では，ホルマリンの浸潤が遅く内臓が腐敗しやすいため，シリンジを用いてホルマリン原液を肛門から腹腔内に注入する．
(3) 標本を(2)の容器に入れ，姿勢を整える（標本はこの時の姿勢で固定されるため，慎重に行う）．小型の標本でポリ袋を用いる場合は，袋内に10％ホルマリンを十分に満たし，空気を抜いてチャックを閉じる．その後，容器を冷暗所で2週間から1ヶ月程度安置する．固定の期間は標本の大きさによって調節する．
(4) 標本を10％ホルマリンから取り出し，流水で1〜3日程度水洗して標本内のホルマリンを除去する．水洗の期間は標本の大きさによって調節する
(5) 十分に水を切ったのち，標本を置換用の40％エタノールに1〜3日ほど浸す．その後，同様の工程を置換用の70％エタノールで行い，最終的に保存用の70％エタノールに移して冷暗所で保管する．エタノールの濃度を段階的に上げることで，標本の急激な脱水が緩和される．なお，置換用のエタノールは水洗後の標本を入れるたびに濃度が下がるため，アルコール濃度計を用いて定期的に濃度を戻す必要がある．

参考文献

松浦啓一・林　公義．2003．魚類．松浦啓一（編）．標本学．自然史標本の収集と管理．東海大学出版部，秦野．pp. 25-31.
宮崎佑介．2018．はじめての魚類学．オーム社，東京．152 pp.
本村浩之（編）．2009．魚類標本の作製と管理マニュアル．鹿児島大学総合研究博物館，鹿児島．70 pp.
中坊徹次（編）．2013．日本産魚類検索，全種の同定，第3版．東海大学出版部，秦野．2428 pp.
大阪市立自然史博物館（編）．2007．標本の作り方 自然を記録に残そう（大阪自然史博物館叢書2）．東海大学出版部，秦野．190 pp.
冨山晋一・岸本浩和・野口文隆．2010．東海大学海洋博物館における魚類標本の登録・管理．海・人・自然（東海大学博物館研究報告），10: 59-67.

12. 魚類，真骨魚類，軟骨魚類の形態観察 ———— 堀江　琢

1. 目的

魚類の形態観察により種の特徴を理解することは，基本的なことであり極めて重要なことである．新種の発見に繋がるのみならず，生態に関する研究をするうえで，種を確定しないことには研究はなりたたない．そこで形態観察の方法について学ぶことを目的とする．

2. 解説

魚体の測定には2種類の測定方法がある．1つ目は主に軟骨魚類など大型の生物の測定に用いられる，2点間を体軸に垂直に測る投影法である．この方法は定規を魚体に対し平行に置き，測定する2点を定規に対し垂直に測る．平面にスケッチを行う際のバランスを取るのに適しているが，定規に対し並行に取る際に誤差が生じやすい．一方，主に真骨魚類の測定に用いられるのが，2点間の最短距離を，ノギスなどを用いて測る方法である．直接2点間を結ぶので誤差は生じにくいが，厚みのある試料などでは斜めに測定することになるので，スケッチでバランスを見る際に，比率をとることができない．

3. 方法

使用器具

①ノギス，②定規，③秤，④データシート，⑤虫ピン

測定と観察

(1) 体重（BW）を測定し，体をまっ直ぐに伸ばし，全長（TL）と体長（BL）を測定する．これらは解析をする際の基準となるため，特に正確に測定しなければならない．ホルマリンなどで固定された試料は，体が曲がったものもあるので，きちんと伸ばしてから測定する．
(2) 各計測部位の測定．データシートに従い，外部計測を行う．計測には基本的に魚体の左側を用いるが，破損や変異が著しい場合は右側を用いてもよい．
(3) データシートには，種名（学名）や科名を記載する．
(4) スケッチを行う際は，虫ピンなどの固定具を用いて鰭を広げ（鰭立て），頭を左側にして固定する．
(5) 測定した各部位の位置や大きさを元に，体の比率を考えながら正確にシャープな線で描き，

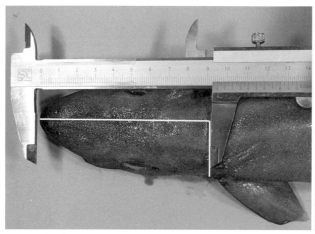

図1　魚体測定1

柄などの濃淡は点描で描く．基本的には左体側をスケッチする．
(6) 正確にスケッチをすることで，種の特徴が描けているかを確認する．

4．結果とまとめ

真骨魚類の測定

鰭式：真骨魚類の鰭は，硬い棘条と，節や先端が分かれる軟条からなる．これの数は種によって決まっており，種を分類するうえで非常に重要な要素となる．棘条数はその数をローマ数字（I，II，III…）で示し，軟条数はアラビア数字（1，2，3…）で示すことで，違いを表すことができる．棘条と軟条で1つの鰭を構成する場合はコンマ（,）で繋いで示す．また，背鰭などは1基のものや複数に分かれている種もあるので，鰭が分かれる場合にはハイフン（-）で示す．

表1　真骨魚類の主な測定部位

Body weight	体重	体重計で量る前には必ず風袋ゼロ合わせを行う
Total length（TL）	全長	体の最前端から尾鰭末端まで
Body length（BL）	（標準）体長	吻端から下尾骨末端（尾鰭基底）まで
Body depth（BD）	体高	体の最高部（鰭は含まない）
Head length（HL）	頭長	吻端から鰓蓋末端まで
Depth of caudal peduncle	尾柄高	臀鰭後端から尾鰭までの間の最低部の高さ
Snout length	吻長	吻端から眼窩前縁まで
Maxillary length	上顎長	上唇の前端から主上顎骨の末端まで
Interorbital width	両眼間隔	背側から見て左右眼窩の最短距離
Orbit diameter	眼窩径	肉質部を含む眼の水平径
Length of D. spiae	背鰭棘条長	最も長い各鰭の棘条や軟条の長さ
〃　D. ray	背鰭軟条長	（棘条は延長する軟質部は含まないが，軟条では含む）
〃　P₁ ray	胸鰭軟条長	
〃　A. spiae	臀鰭棘条長	
〃　A. ray	臀鰭軟条長	
Fin formula of D. spiae	背鰭鰭式	各鰭を構成する，棘条と軟条の数
〃　P₁	胸鰭鰭式	小離鰭は基部の数を計数し鰭式の後ろに＋○と示す
〃　P₂	腹鰭鰭式	対鰭は左側のみを計数
〃　A.	臀鰭鰭式	

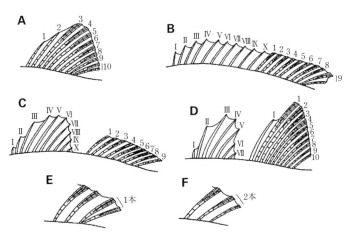

背鰭の諸型と棘・軟条の表記法．A：背鰭が1基で軟条のみからなる　B：背鰭が1基で棘と軟条からなる　C：背鰭が2基で，第1背鰭が棘のみ，第2背鰭が軟条のみからなる　D：背鰭が2基で，第1背鰭が棘のみ，第2背鰭が棘と軟条からなる　E・F：最後位と最後位の1本手前の軟条の根元が接する場合と分離する場合の計算法．

図2　鰭式
中坊徹次（編）．2013．日本産魚類検索第三版．東海大学出版部．

図3 ハシキンメの鰭が折りたたまれた状態（上）と鰭を立てた状態（下）．真骨魚類の鰭は折りたたまれていることもあるので，十分確認し鰭を立てる．鰭膜はもろいので破れてしまうことがある．

軟骨魚類の測定

軟骨魚類は，真骨魚類と異なり鰭式や有孔側線鱗数などの計数形質が少ないのが特徴である．また鰭の起部や縁辺部の角度が滑らかで始点がわかり難い種もいるため，測定者による誤差も生じやすい．

形態的特長：サメ類は体側に鰓裂（鰓孔）が5つの種が多く，ラブカやカグラザメ類など一部の種では6〜7つ開孔する種もいる．ツノザメ類やネコザメのように背鰭に棘を持つ種，ツノザメ類，カスザメ類，ノコギリザメ類など臀鰭の欠く種がいる．メジロザメ類の眼には瞬膜とよばれる瞼がある．

エイ類は腹面に鰓裂があり，サメと異なる．通常5つの鰓裂を持つ種が多いが，ムツエラレイのように6つ開孔する種もいる．また胸鰭は頭部と融合し，体盤を形成する．尾部は細いが，ヒラタエイ類，サカタザメ類，ガンギエイ類などは先端

図4 オオワニザメの部位名称

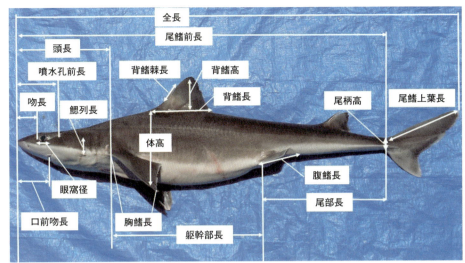

図5 フトツノザメの測定部位（臀鰭はない）

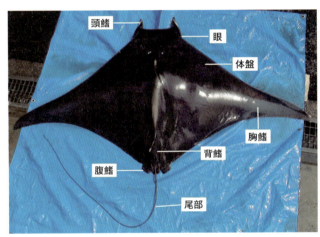

図6 ヒメイトマキエイの部位名称

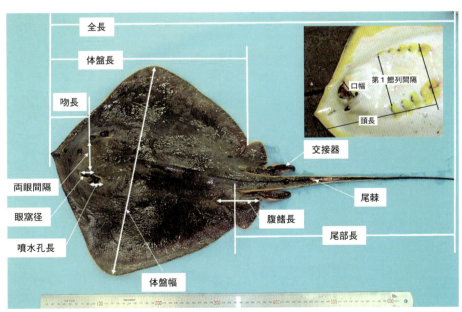

図7 アカエイの計測部位

12. 魚類，真骨魚類，軟骨魚類の形態観察 —— 65

表2. 軟骨魚類の主な測定部位

サメ

Body weight（BW）	体重	体重計で量る前には必ず風袋ゼロ合わせを行う
Total length（TL）	全長	体の最前端から尾鰭末端まで
Precaudal length（PCL）	尾鰭前長（体長）	体の最前端から尾鰭上葉起部（尾柄欠刻）まで
Head length（HL）	頭長	体の最前端から左右の最終鰓裂後端を結ぶ中心まで
Trunk length	躯幹部長	最終鰓裂後端から総排泄孔まで
Tail length	尾部長	総排泄孔から尾上葉起部（尾柄欠刻）まで
Snout-cloaca length	総排泄孔前長	吻端から総排泄孔まで
Body depth（BD）	体高	体の最高部（鰭は含まない）
Depth of caudal peduncle	尾柄高	臀鰭後端から尾鰭までの間の最低部の高さ
Preorbital length	吻長	体の最前端から眼窩前縁まで
Preoral length	口前吻長	体の最前端から口の前縁まで
Prespiracular length	噴水孔前長	体の最前端から噴水孔（呼吸孔）の前縁まで
Orbit diameter	眼窩径	肉質部を含む眼の水平径
First gill slit length	第1鰓裂長	第1鰓裂の長さ
Maxillary length	上顎長	上唇の前端から主上顎骨の末端まで
Interorbital width	両眼間隔	左右眼窩の最短距離
Internarial width	鼻孔間隔	左右の鼻孔最短距離
Mouth width	口幅	口の両端の距離
First dorsal fin length	第1背鰭長	第1背鰭の起部から最後端まで
〃 spine length	第1背鰭棘長	第1背鰭棘の露出部の長さ（種によってはない）
〃 height	第1背鰭高	第1背鰭基底から最高端までの垂直距離
Second dorsal fin length	第2背鰭長	第2背鰭の起部から最後端まで
〃 spine length	第2背鰭棘長	第2背鰭棘の露出部の長さ（種によってはない）
〃 height	第2背鰭高	第2背鰭基底から最高端までの垂直距離
Pectoral fin length	胸鰭長	胸鰭基部から先端まで
Pelvic fin length	腹鰭長	腹鰭起部から最後端まで
Anal fin length	臀鰭長	臀鰭起部から最後端まで
〃 height	臀鰭高	臀鰭基底から最高端までの垂直距離
Dorsal caudal fin length	尾鰭上葉長	背側の尾鰭起部から最後端まで
Clasper length（♂）	交接器長	交接器内縁の接続部から先端まで（オスのみ）
Number of gill slits	鰓裂数	左側の鰓裂の数

エイ

Body weight（BW）	体重	体重計で量る前には必ず風袋ゼロ合わせを行う
Total length（TL）	全長	体の最前端から尾鰭末端まで
Disc length（DL）	体盤長	吻端から体盤末端まで
Disc width（DW）	体盤幅	体盤の最大幅
Snout-vent length	総排泄孔前長	吻端から総排泄孔まで
Tail length	尾部長	総排泄孔から尾部末端まで
Preorbital length	吻長	体の最前端から眼窩前縁まで
Interorbital width	両眼間隔	左右眼窩の最短距離
Orbit diameter	眼窩径	肉質部を含む眼の水平径
Spiracle length	噴水孔長	噴水孔（呼吸孔）の水平径
Mouth width	口幅	口の両端の距離
Snout-last gill slit length	最終鰓裂前長（頭長）	体の最前端から左右の最終鰓裂後端を結ぶ中心まで
Inter-first gill slit width	第1鰓裂間隔	左右の第1鰓裂内縁の距離
Pelvic fin length	腹鰭長	腹鰭起部から最後端まで
Clasper length（♂）	交接器長	交接器内縁の接続部から先端まで（オスのみ）
Caudal spine length	尾棘長	最も長い棘の露出部から先端まで
Number of gill slits	鰓裂数	左側の鰓裂の数

に尾鰭を持つ．また，ガンギエイ類にの腹鰭は2葉に別れ，腹鰭前葉が足のように伸長する種もいる．

参考文献

岸本浩和・鈴木伸洋・赤川　泉（編）．2006．魚類学実験テキスト．東海大学出版会，平塚．140 pp.
中坊徹次（編）．2013．日本産魚類検索第三版 全種の同定．東海大学出版部，平塚．2530 pp.

13. 魚類の再生産：生殖腺の観察 ─────── 村山　司

1. 目的

魚類の再生産について理解するためには様々な観点から検討する必要があるが，産卵・成熟もその1つである．ここではメスの魚類の生殖腺の成熟に焦点を当て，その成熟過程を把握する．

成熟が進行し，卵母細胞に卵黄物質が蓄積されていくと，細胞質は様々に変化する．そこで，成熟の進行に伴った卵母細胞の変化を把握する．

2. 解説

生体から切り離された組織はすぐに自家融解などにより変性・腐敗を起こし，本来の形態が変化する．そこで組織のタンパク質を活性化させ，これらの変化・反応を停止させるのが固定である．固定液は目的に応じて様々な種類がある．ここでは使用法が簡便で浸透性に優れ，良好な固定力のあるホルマリンを用いて固定する．

薄切された組織は無色・透明に近い場合が多く，そのままでは観察に適さない．そこで，各組織が視覚的に観察しやすいように種々の染色が施される．目的とする組織に応じて様々な染色法があるが，ここでは一般染色として最も用いられているヘマトキシリン・エオシン染色による組織の検鏡をする．

3. 材料と方法

（1）材料
　マイワシ（メス）
（2）実験器具
　①解剖バット，②解剖具，③ノギス，④計量はかり，⑤固定ビン，⑥包埋かご，⑦台木，⑧ミクロトーム，⑨スライドグラス，⑩カバーグラス，⑪光学（生物）顕微鏡，⑫接眼ミクロメータ，⑬ケント紙
　〈試薬など〉10％ホルマリン，アルコール（エタノール），クレオソート，キシレン，硬パラフィン（融点：58～60℃），軟パラフィン（融点：45～50℃），ヘマトキシリン・エオシン染色液はあらかじめ調整しておくこと．
（3）実験方法
　下記の方法に従って組織切片を作製する．なお，下記の脱パラフィン，染色，封入の系列は研究室ごとに独自の方法がある場合があるので，それに従ってもよい．
　①計測：魚体からペーパータオルなどでよく水分を取り，全長，体重を測定する．
　②固定：魚体から卵巣を摘出し，よく水分を拭き取り，重量を測定する．卵巣の一部を切り取り，すみやかに固定液に入れて固定する．（固定時間は10％ホルマリンの場合はおおむね1日以上）．
　③固定された組織片を流水（水道水）で水洗する．時間は12時間以上．
（4）水洗後，組織片をおおむね5〜10 mm四方程度に切り分ける．包埋かごに収納して，以下の系列へ進む．
（5）脱水・脱アルコール：組織の収縮による変形や硬化を防ぎ，その後，アルコールを追い出してパラフィンになじみやすくする．
　70％アルコール→90％アルコール→100％アルコール→無水アルコール→クレオソート・キシレン→キシレンⅠ→キシレンⅡ→軟パラフィン→硬パラフィン→包埋
（6）包埋：あらかじめ作製しておいた包埋容器などに組織片を入れ，そこにパラフィンを流し込む．
（7）パラフィンが十分固まったら，包埋容器などからパラフィンブロックを取り出す．そして，台木の大きさに合わせて組織片を含むようにパラフィンを切り出し，台木に付ける．
（8）ミクロトームを用いて薄切し，切片を作製する．切片の厚さは5〜10 μmを目安とするが，検鏡の目的に応じて，適宜，厚さを変える．
（9）薄切された切片は水に浮かべ，伸ばす．その後，それをすくい取りスライドグラスに貼り付

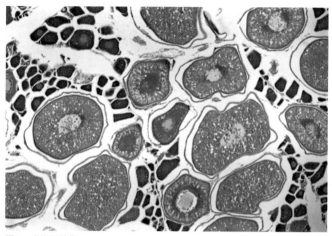

図1 卵巣組織像

け る（あるいは，薄切された切片を直接スライドグラス上に載せ，1, 2滴水を垂らすと切片が伸びる）．このとき，あらかじめスライドグラスに卵白グリセリンなどを塗布しておいてもよい．ただし，染色後にそれも染色されてしまう可能性があるので，留意する必要がある．
(10) 切片が伸びた状態で，十分乾燥させる．この乾燥が不足すると，このあとの染色の過程で切片が剥がれ落ちてしまうことがある．
(11) 脱パラフィンおよび染色（ヘマトキシリン・エオシン染色）：そのままでは染色ができないので，有機溶媒でパラフィンを除去し，キシレンをアルコールに置換し，水洗後，染色する．

　キシレンⅠ → キシレンⅡ → 無水アルコール → 100％アルコール → 90％アルコール → 70％アルコール → 水洗 → ヘマトキシレン染色 → 水洗（十分に水洗しないと色が出にくく，また，のちに脱色しやすい）→ エオシン染色 → 封入系列へ
(12) 封入

　70％アルコール（短時間．長くするとエオシンが脱色される）→ 90％アルコール → 100％アルコール → 無水アルコール → キシレンⅠ → キシレンⅡ → 適当な封入剤（バルサム，オイキットなど）を用いて封入
(13) 検鏡

　生物顕微鏡で観察する．

4．結果のまとめ（観察のポイント）

①GSI＝（生殖腺重量／体重）×100（％）を算出する．
②切片を光学顕微鏡で，以下の点に留意しながら観察する（図1）．
・卵母細胞をスケッチし，全体の構造を把握し，どのような成熟段階にあるかを推定する．また，細胞質のみならず，濾胞細胞も観察する．
・1つの卵巣内にどのような段階の卵母細胞があるか．また，それは何を意味するかを考察する．
・排卵した痕跡（排卵後濾胞）は見られるか，確認する．
・ほかの1回産卵魚や多回産卵魚の組織像と比較して，差違を考察する．

14. 魚類卵巣卵の卵径組成　　　　　　　　　　　　　村山　司

1. 目的

　そのサカナがどのくらいの卵を産むかということは，産卵生態のみならず，資源量の把握・維持を知るための重要な観点である．そこで，卵巣全体の卵数，すなわち抱卵数を推定する．また，成熟の進行に伴い卵母細胞には卵黄物質が蓄積され，卵母細胞の大きさも変化する．すなわち成熟の進行を反映している卵径の組成を調べる．

2. 方法

(1) 材料
　マイワシ（メス）
(2) 実験器具
　①解剖バット，②解剖具，③計量はかり，④シャーレ，⑤カウンター，⑥スライドグラス，⑦ピペット，⑧実体顕微鏡，⑨接眼ミクロメータ
(3) 実験方法
　①魚体から卵巣を摘出し，ペーパータオルなどでよく水分を取り，卵巣全体の重量を測定する．
　②卵巣の一部を切り出し，その重量を正確に測定する（切り出すのは 200～300 mg が目安）．
　③切り出した卵巣を水を張ったシャーレに移す．水は卵巣が乾燥しない程度に浅くてよい．
　④シャーレ中の切り出された卵巣を指や柄付き針などで優しくほぐす．そしてバラバラになった卵の数をカウンターを用いてすべて数える．計数は一度だけでなく複数回行い，平均を取る．
　⑤シャーレ中の卵をピペットを用いて吸い出し，スライドグラス上に一直線になるように並べる（図1）．
　⑥接眼ミクロメーターの入った実体顕微鏡を用いて，スライドグラス上の卵の卵径を測定していく．このとき，卵径の小さいものは未熟な可能性が高いので，一定の卵径（たとえば 0.45 mm）以上の卵について測定する．測定する卵の数は 100 個以上が望ましい．

3. 結果のまとめ

　①卵巣全体の重量，切り出した卵巣の重量，切

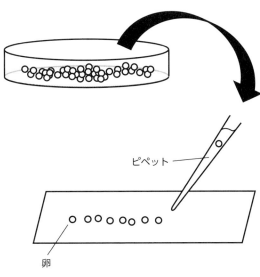

図1　卵径の測定

り出した卵巣の卵数から，卵巣全体の卵数を推定する．

$$全卵数 = \frac{(卵巣全体の重量)}{(切り出した卵巣重量)} \times (切り出した卵巣の卵数)$$

②測定した卵径を元にヒストグラムを作成する．階級の幅をよく考えて作ること．班になっている場合は，自分のデータだけでなくほかの班員のデータを合わせることにより個数が増えることになり，より精度の高いヒストグラムができる．

③ヒストグラムの形状を見て，それが成熟・産卵について供試個体のどのような特性を反映しているのかを考察する．

15. 年齢査定と成長 ——————————————————— 田中　彰

1. 目的

　生物の生活史・生活環を理解するためには対象生物の様々な生物学的特性を調べなければならない．その特性の1つに年齢すなわち時間に関わる事象がある．その中には生物は生まれてから死ぬまでどのくらいの期間生きられるのか（寿命），何歳で成熟するのか（成熟年齢），年間どのくらい成長するのか（成長率），同一世代の個体数は年齢とともにどのくらい減少するのか（死亡率）など，生活史を理解するうえで重要な項目を多く含んでいる．野生生物の年齢の推定方法には以下のような方法がある．

体長組成法

　この方法ではある期間に多くの対象生物を採集し，その体長を測定することから始まる．測定した体長から組成図を作成し，分離される山から年齢を推定する（図1）．

標識放流法

　この方法では採集した対象生物に標識を取り付けて放流し，再度捕獲する．放流時の生物のサイズ・年月日を記録し，再捕されたときのサイズと年月日から成長率や年齢を推定する．

年齢形質法

　この方法では対象生物から年齢を表示する形質を採取し，そこに表示された指標から年齢を推定する．

　そのほか，飼育環境下では個体識別しながら対象生物の年齢・成長を調べることができる．上記の方法には長所・短所があり，必ずしも1つの方法で年齢を明確にはできない．ここでは「年齢形質法」を用いて魚類の年齢を査定し，その成長過程を推定する．

2. 解説

年齢形質

　年齢形質は年齢を表示する形質である．周知されている例としては年輪が形成される木の幹が年齢形質となる．海洋動物では以下に示すように様々な硬組織が年齢形質となる（図2）．

　　硬骨魚類：耳石，鱗（櫛鱗，円鱗），脊椎骨，鰓蓋骨，鰭の棘条

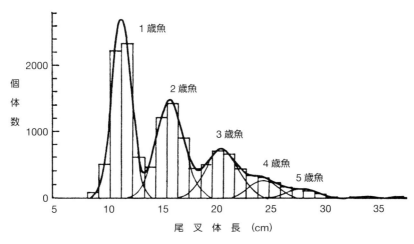

図1　体長組成による年齢推定－キダイを例に－
田中昌一．1956．東海区水産研究所研究報告14を参考に作図．

図2　クロマグロ鱗

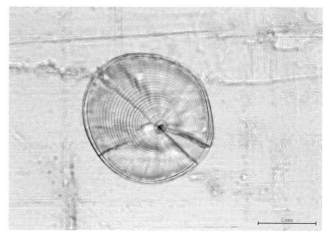
図3　アユ仔魚耳石

軟骨魚類：脊椎骨，背鰭棘，肥大棘
海生哺乳類：歯，耳垢栓
頭足類：平衡砂
貝類：貝殻，蓋

　これらの形質には年齢を表示する輪紋や成長帯などの指標が形成されている．しかしながらその指標は必ずしも明瞭に表示されているわけではなく様々な方法により明瞭化を図る．また仔稚魚から採取された耳石には日齢を示す輪紋が観察される（図3）．

年齢査定

　次に明瞭化された指標（輪紋・帯）を元に年齢推定を行う．まず指標の形成周期・形成時期を明らかにする必要がある．すなわち，指標が1年に1回形成されれば年輪として利用可能となる．生物は外界からの刺激を受けながら体内の代謝リズムを維持・変化させている．季節により環境が変化する地域に生息する生物，季節により回遊をする生物，繁殖や摂餌の時期が明確な生物などでは年齢形質に周期的に指標が形成されることが多い．指標が年輪であるかを検証するためには上記の体長組成法や標識放流法を併用したり，年齢形質に取り込まれる薬物標識と指標との表示状態や形質内での指標の季節的な表示変化を調査する必要がある．年齢形質の指標が年1回形成されることが判明したら，その指標の数から年齢を推定できる．

成長

　動物は摂取したエネルギーを異化作用として体の維持や運動のために使うほか，同化作用として成長などに使っている．同化作用に使われるエネルギーが多ければ成長率が高まる．成長率は単位時間当たりの増重により判断される．そのため時間軸に対する体長や体重の変化を見ることになる．各個体の年齢が判明すれば，それぞれの年齢と体長/体重との関係をプロットすることにより，その個体群の平均的な成長曲線が描ける．また，年齢形質と体長とが同様の割合で成長する（等成長）ならば，形質内の指標の表示からその個体の成長過程が推定できる．これらの場合には横軸に時間の要素を含むため，その成長を絶対成長とよぶ．一方，横軸，縦軸ともにある形質の計測値を用いる場合にはその成長を相対成長とよぶ．

成長曲線

　飼育個体の成長曲線は日々の体長や体重を記録し，計測日に対する計測値をプロットすることにより描ける．しかしながら野生個体ではその調査は困難なため，上記に示したように個々の個体の年齢を調べ，死亡したときの体長や体重を記録し，年齢とその観測値から個体群としての平均的な成長曲線を描く．成長曲線にはベルタランフィー曲線，ゴンペルツ曲線，ロジスティック曲線など様々な曲線が適用されているが，ベルタランフィー曲線が最も一般的に使われている（図4）．こ

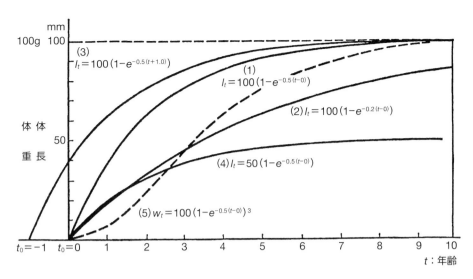

図4 von BERTALANFFY の成長曲線. 成長係数 $k=0.5$ と 0.2, 極限体長 $l_\infty=100$ と 50, 体長が0になるときの仮想年齢 $t_0=0$ と -1 の場合の成長曲線.
(西脇昌治（編）.『資源生物論』. 東京大学出版会, 1974)

の曲線式は生物体の同化と異化に基づいて導き出され, 以下の式で表わされる.

$$l_t = L_\infty(1 - e^{-k(t-t_0)})$$

ここで, l_t は年齢 t 歳時の体長, L_∞ は理論的な極限体長, k は成長係数, t は年齢, t_0 は体長が0となる仮想年齢を示している. この成長式を成立させるためには L_∞, k, t_0 のパラメーターを求める必要がある. 近年ではこれらのパラメーターは各個体の年齢と体長のデータから表計算ソフトの最適化法を用いて最小2乗法により推定できる. 簡易的には上記の式を以下のように変形し, l_t と l_{t+1} の直線回帰から Y 切片が $L_\infty(1-e^{-k})$, 回帰係数が e^{-k} となり, L_∞ と k が推定できる.

$$l_{t+1} = L_\infty(1-e^{-k}) + e^{-k}l_t$$

この場合には各年齢の平均体長を事前に求めてその数値から最小二乗法により回帰直線式を求める. すなわち横軸に l_t の値を縦軸に l_{t+1} の値を取り作図する. この図を Walford の定差図という. t_0 の値は簡易的に年齢1歳の平均体長をベルタランフィー式に代入して求める. L_∞ は観察される最大個体の体長とほぼ等しい値となる. k は成長が早い個体群ほど大きな値となる. t_0 は理論的には卵生種であれば0に, 胎生種ではその妊娠期間に近似するが, 初期成長や妊娠期間の成長に影響される. 尚, t は年齢として示してあるが, 月齢, 日齢としても利用可能である.

3. 材料と方法（試料採取と観察）

材料

シロギス（鱗の採取, 解剖して耳石の採取）, コガネガレイの耳石

実験器具

①解剖バット, ②解剖具, ③計測ものさし, ④計量はかり, ⑤スライドグラス2枚, ⑥張付テープ, ⑦シャーレ, ⑧実体双眼顕微鏡, ⑨接眼マイクロメータ, ⑩ケント紙,

実験方法

A. シロギスの鱗と耳石の採取
(1) 配布されたシロギスの全長, 尾叉長, 被鱗体長, 体重を測定し記録する.
(2) シロギスの左側面の第1背鰭下方の側線直下の鱗をピンセットを用いて5～6枚採取し, 水を入れたシャーレに浸す. 鱗の表面に付いた粘膜やヨゴレを指先で挟みながら洗浄する. 洗浄した鱗は軽く水を拭き取り, スライドグラス上

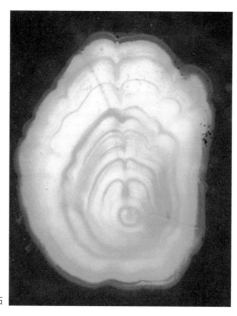
図5　コガネガレイ耳石

に前後方向を一定にし並べる．もう1枚のスライドグラスをその上に重ね，2枚のスライドグラスが離れないようにスライドグラスの両端を張付テープで押さえる．
(3) 鱗が乾燥したら実体顕微鏡を用いて観察する．鱗が重なっている部分（被鱗部）には成長線が形成されている．成長線の間隔は魚体の成長率に影響されると考えられ，その間隔が広狭に観察される．間隔が狭く成長線が密になっているところを指標として年齢を推定する．鱗の観察は魚類学実験で行うため，詳しくは『魚類学実験テキスト』を参照する．
(4) 耳石は内耳の中にあり，硬骨魚類では通常，扁平石，星状石，礫石の3つの炭酸カルシウムの結晶からなる．このうち最も大きい扁平石が年齢形質として使われる．シロギスの内耳は第1椎体の前方の頭骸骨後方内部に左右一対ある．
(5) シロギスを胸鰭起部付近で頭部と体部に切り離し，鰓蓋と鰓を取り去る．取り去った頭部を腹面から観察し，第1椎体の位置を確認する．その前方の左右に頭蓋骨内部の内耳を下から支える椀状の突起が見られる．その突起部をメスで注意深く切り取り，内部にある内耳の耳石をピンセットで取り出す．扁平石は左右の内耳にそれぞれ存在するため，2つ取り出すことができる．取り出した扁平石は水を入れたシャーレの中でヨゴレを取り，乾燥させて保管する．
(6) 耳石は平衡感覚や聴覚に関与した平衡石である．耳石の大きさは一般に外洋遊泳性の魚類では小さく，底生性の魚類で大きい傾向にある．シロギス以外の魚類でも内耳の位置は頭骸骨の後方内部にある．ヒラメ・カレイ類などの異体類では顔部が片側に移動したために左右の耳石の形状は異なっている．

B．コガネガレイの耳石（扁平石）の観察
(1) 配布された袋の中の2つの耳石（扁平石）を水を入れたシャーレに浸し，しばらく置いておく．2つの耳石は有眼側と無眼側で形が異なり，両者の違いを実体顕微鏡で観察し，有眼側のものを使用する（図5）．
(2) 水に浸された耳石には同心円状の帯が観察される．白い部分と半透明な部分とが交互に形成されており，その2つの帯が1対となり，1年間で形成されると推測される．そのため半透明の帯を数えることにより年齢が推定できる．
(3) 耳石を実体顕微鏡で観察しながら，その全体像をスケッチし，帯の出現状況を確認する．次に耳石の中心となる核の部分から耳石縁辺まで最も距離がある部分で，核から各帯・縁辺まで

の距離を測定し記録する．

C．コガネガレイの成長曲線

ここでは各人が観察した個体の成長過程を調べ，成長曲線を描く．

(1) 各人が測定した核から半透明帯までの距離（r_i），と縁辺までの距離（R）とコガネガレイの全長（L）とから半透明帯形成時の全長（l_i）を，耳石と全長が等成長すると仮定し以下の比例式から求める．

$$l_i = (r_i/R)L$$

(2) 上記により求められた各年齢の全長と年齢との関係を方眼紙にプロットする．横軸に年齢，縦軸に全長を取る．これから大まかな成長過程が把握される．

(3) この年齢と全長のデータを用いて解説で説明したようにWalfordの定差図を作成し，ベルタランフィーの成長式を求める．

---

* 個体群としての成長式は各年齢の平均全長が求まれば上記同様に計算して求めることができる．

参考文献

田中昌一．1956．Polymodalな度数分布の一つの取扱方及びそのキダイ体長組成解析への応用．東海区水産研究所研究報告 14: 1-13．

鉄 健司．1974．成長．西脇昌治（編）．資源生物論．東京大学出版会，東京．pp. 50-64．

16. 分子生物学実験の基礎：DNAクローニング ── 野原健司

1. 目的

　DNAクローニングとは特定のDNA配列を取り出して，そのコピーを作り出す分子生物学の技術である．DNAはどの生物にも共通して存在することから，DNAを扱う技術には共通性（普遍性）があり，いつでも，どこでも，だれでも，簡単に同じ結果を得ることができる応用範囲の広いものである．本項ではPCR産物のDNAクローニング（TAクローニング*）を通じて，DNA組み換え技術の基礎を学ぶ．

---

* **TAクローニング**：PCR増幅の際にはDNAポリメラーゼの働きによって増幅産物の末端にA（アデニン）が付加される特性がある．形質転換の際に開環したプラスミドベクターの末端にT（チミン）が付加されたTベクターを用いることでPCR産物末端のAとプラスミド末端のTが相補的に結合できるようになり形質転換が効率よく行われる．

2. 解説

　DNAクローニングは複雑な実験系であるが，その本質はDNAを切る・繋ぐ（貼る）・増やす，といった3ステップに集約される．この3ステップは，分子生物学の「ハサミ」である制限酵素と「ノリ」であるリガーゼを使ったDNAの切断と接着，「宿主−ベクター系」による組み換えDNAの増幅，といった分子生物学の基礎技術が凝縮されている．DNAクローニングが習得できれば多くの分子生物学実験への応用が可能である．

---

* **注意点**（分子生物学実験全般）
・分子生物学に関する実験は微量なDNAを扱うことから，コンタミネーション（異物の混入）の影響を大きく受ける．実験機器はすべて滅菌されているので素手で不用意に触らない．特に，チップ，チューブ類はコンタミネーション防止のため使い回しは厳禁である．
・試薬類はよく撹拌（ボルテックス）し，飛沫処理（フラッシング）してから使用する．
・PCR関連試薬や制限酵素は酵素類であるため作業は常に氷冷しながら行う（失活防止）．
・臭化エチジウム（EtBr）溶液は発ガン性があるため取り扱いは特に注意する（手袋着用）．

3. 材料と方法

材料（試薬類）

　①10×TBE buffer，②PCR反応液ミックス（DNAポリメラーゼ，緩衝液，基質，滅菌蒸留水），③プライマー，④アガロースゲル（粉末），⑤DNAサイズマーカー（100 bp DNA Ladder），⑥BPB（ブロモフェノールブルー），⑦EtBr（エチジウムブロマイド）溶液，⑧DNAサンプル，⑨プラスミドベクター（Tベクター），⑩大腸菌，⑪LB培地，⑫X-Gal，⑬アンピシリン，⑭SOC溶液，⑮DNAリガーゼ，⑯Salt solution，⑰アンモニウム塩，⑱滅菌蒸留水

実験器具

(1) 一般器具類
　①キムワイプ，②キムタオル，③70%エタノール（洗浄用），④クラッシュアイス，⑤ピンセット，⑥スクリュー管（50 ml），⑦恒温器，⑧卓上小型遠心機，⑨電子レンジ，⑩精密天秤，⑪薬包紙，⑫滅菌蒸留水，⑬三角フラスコ（200 ml），⑭保冷ボックス，⑮ゴム手袋，⑯ボルテックスミキサー

(2) 分子生物学的器具類
　①ピペット（10・20・100・200・1000 μl），②チップ，③チューブ（0.2・0.5・1.5 ml），④チューブラック，⑤サーマルサイクラー，⑥ゲル枠，⑦ゲルコーム，⑧スプレッダー，⑨電気泳動槽（＋電源），⑩UV照射装置，⑪撮影用カメラ＋フード，⑫UV保護マスク

実験方法
(1) PCR反応：ベクターに取り込ませるDNAの作成
  ① 試薬類を以下の分量で分注する．作業はすべてアイスボックス内で行う．
  ② 以下の反応液組成は1サンプル当たりの分量である．

PCR反応液ミックス	15 μl
プライマー P1 (5 μM)	2 μl
プライマー P2 (5 μM)	2 μl
DNAサンプル	1 μl
Total	20 μl ……A液

  ③ 作成した反応液（A液）をボルテックス＆フラッシング．
  ④ サーマルサイクラーにA液をセットしてPCR反応を行う．PCR条件は以下の通り．
  96℃ 3 min + (96℃ 30 s + 60℃ 30 s + 72℃ 30 s) × 40 cycle + 72℃ 5 min
  ⑤ 約3時間後にPCR反応が終了し，増幅産物ができあがる． ……B液
  ⑥ アガロースゲル電気泳動により増幅が行われているか確認する．

(2) ライゲーション反応：ベクターとPCR産物の連結
  ① 以下の組成で反応液を作成する．

滅菌蒸留水	1.0 μl
ベクター	0.3 μl
Salt solution	0.3 μl
B液（PCR産物）	0.4 μl
Total	2.0 μl

  ② 室温で30分間インキュベート（放置）する． ……C液

(3) 形質転換：大腸菌へのベクターの取り込み
  ① 前もって氷上で溶解しておいた大腸菌（Competent cell）にC液をすべて加え，やさしくピペッティングし，氷上で10分間インキュベートする． ……D液
  ② D液を事前に温めておいたヒートブロック（サーマルサイクラー）にて42℃で30秒間キープ（温度・時間厳守）し，その後すぐに氷上に移す（ヒートショックによる形質転換）． ……E液
  ③ 前もって温めておいたSOC溶液250 μlをE液にやさしく加えて37℃で1時間培養する． ……F液
  ④ X-Galを40 μl塗布したLB培地にF液を100 μl撒いてスプレッダーで均等に広げた後，37℃オーバーナイトで保持する．

(4) コロニーピック&PCR増幅
  ① 大腸菌コロニーは白と青の2種類があり白いコロニーがうまくプラスミドベクターを取り込んでいる大腸菌で，青のものはPCR産物を取り込んでない大腸菌である（ブルー／ホワイト・セレクション）．つま楊枝で白いコロニーを突き出し，8連チューブ内の滅菌蒸留水に入れて細胞を溶解させる．このとき，ほかのコロニーとコンタミネーションを起こさないように注意すること． ……G液
  ② G液を鋳型としてPCR反応を行う．反応液組成およびPCR反応条件は「材料」の項に記載されているものと同様であるが，プライマーのみM13FおよびM13Rを用いる．このM13プライマーは図1に示したようにベクターに挿入されたPCR産物を再び増幅させるためのプライマーである．
  ③ PCR産物はアガロースゲル電気泳動によって増幅を確認する．

4. 結果のまとめと考察（観察のポイント）

大腸菌プレートの青と白のコロニーを計数し，形質転換効率を求めるとともにブルー・ホワイトセレクションの原理をレポートする．

● 参考
(1) アガロースゲル電気泳動
  アガロースゲルの作成：電気泳動を始める前にアガロースゲルを作成する．
  ① 1×TBE 100 mlを三角フラスコに入れる．
  ② アガロースゲル（粉末）を精密天秤で2g計量し，上記に加える．
  ③ 蒸発を抑えるためにラップし，電子レンジで溶解する．

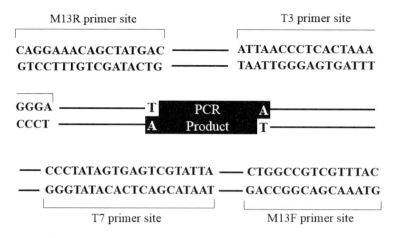

図1 プラスミドベクターのインサートサイトとプライマー部位

④よく溶けたことを確認してゲルトレイに流し込む（ある程度冷ましてからが望ましい）．
⑤ゲルコームを装着し乾燥するまで約1時間放置する．
⑥すぐに使用しない場合は1×TBE溶液中で保存する．
(2) ゲル電気泳動および染色
　上記のアガロースゲルを用いて電気泳動を行う．手順は以下の通りである．
①サンプルの準備：PCR産物（5 μl）が入っているチューブにBPBを2 μl加えよく撹拌（ピペッティングまたはボルテックス＆フラッシング）する．
②電気泳動槽に1×TBEを250 ml入れ，ゲルトレイとアガロースゲルをセットする．
③すべての溶液（7 μl）を吸い取り，アガロースゲルの穴の中に流し込む．
④DNAサイズマーカーを両端の穴に3 μl流し込む．
⑤電気泳動槽のフタをして電源を差し込む．
⑥RUNボタンを押して100Vで40分間電気泳動を行う．
⑦電気泳動が終わったゲルは臭化エチジウム（EtBr）溶液に浸して20分間振盪し染色する．
⑧ゲルにUVを照射し，デジタルカメラまたはスマートフォンで泳動結果を確認する．

17. DNA による種・個体群判別

野原健司

1. 目的

野生生物の保全や管理を行うにあたり種や地域個体群（集団）を認識することは重要である。一般に、種や種内個体群は外部形態の違いにより判別されるが、そのような形態学的差異が常に存在するとは限らない。そのため、従来の形態学的判別に加えて分子生物学的手法を用いて種や個体群判別を行うことが非常に有効である。本項では、マグロ類を題材に生化学的な種・個体群判別の基礎を学ぶ。

2. 解説：マグロ類の DNA による種・個体群識別

マグロ属（*Thunnus*）魚類は、全世界に8種存在する。このうちクロマグロ・ミナミマグロ・メバチ・キハダ・ビンナガの5種が主な流通種であり、生鮮や加工品（ツナ缶など）として広く利用されている。マグロ類のミトコンドリア DNA の ATPase6~CO3 領域にまたがる領域（ATCO 領域）を PCR 法によって増幅し、3つの制限酵素を用いることで種や個体群を識別できる（農林水産消費技術センター/水産総合研究センター 2006）。特に、メバチでは2つの種内系統（α型・β型）が存在することが知られており（Chow *et al.* 2000）、その出現頻度は大西洋とインド-太平洋海域間で異なっていることから、生化学的分析により大西洋の個体群とインド-太平洋の個体群（産地）を明瞭に識別できる（図1）。

---

* 注意点

試薬類はよく撹拌、飛沫処理してから使用する（ボルテックス＆フラッシング）。

PCR 関連試薬や制限酵素は酵素類であるため常に氷冷しながら作業を行う（失活防止）。

臭化エチジウム（EtBr）溶液は発ガン性があるため取り扱いに充分注意する（手袋着用）。

3. 材料・方法

材料

(1) 種判別用サンプル

クロマグロ（太平洋産）、ミナミマグロ、メバチα型、メバチβ型、キハダ、ビンナガ

上記6種の筋肉サンプル（エタノール固定サン

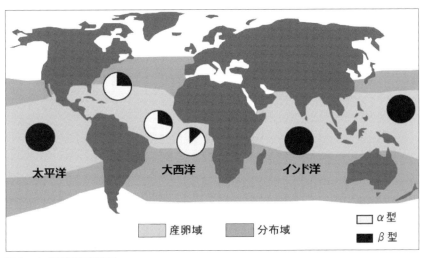

図1　メバチ遺伝子頻度図

プル）
(2) 個体群識別用サンプル
メバチ①群，メバチ②群　各15サンプル

実験器具
(1) 一般器具類
①キムワイプ，②キムタオル，③70％エタノール（洗浄用），④メスシリンダー（500 ml），⑤クラッシュアイス，⑥パラフィルム，⑦ピンセット，⑧卓上小型遠心機，⑨電子レンジ，⑩精密天秤，⑪薬包紙，⑫スクリュー管（50 ml），⑬滅菌蒸留水，⑭紙三角フラスコ（200 ml），⑮冷ボックス，⑯ゴム手袋，⑰パラフィルム，⑱ボルテックスミキサー

(2) 分子生物学的器具類
①ピペット（10・20・100・200・1000 μl），②チップ，③チューブ（0.2・0.5・1.5 ml），④チューブラック，⑤DNA抽出用試薬（Buffer AおよびBuffer B），⑥タンパク質分解酵素(Proteinase K；PK)，⑦恒温器，⑧サーマルサイクラー，⑨PCR反応液ミックス（DNAポリメラーゼ，緩衝液，基質；dNTP，滅菌蒸留水），⑩プライマー（2種類*），⑪アガロースゲル（粉末），⑫ゲル枠，⑬ゲルコーム，⑭制限酵素（Alu 1，Mse 1，TSP509I），⑮電気泳動槽（＋電源），⑯ 10×TBE buffer，⑰ DNAサイズマーカー（100 bp DNA Ladder），⑱ BPB（ブロモフェノールブルー），⑲ EtBr（エチジウムブロマイド）溶液，⑳ UV照射装置，㉑撮影用カメラ＋フード，㉒ UV保護マスク

＊プライマーの配列は以下の通りである．
P1：L8562　5'-CTTCGACCAATTTATGAGCCC-3'
P2：H9432　5'-GCCATATCGTAGCCCTTTTG-3'

実験方法
(1) DNA抽出：マグロ類の筋肉サンプルからDNAを取り出す
①1.5 mlチューブにDNA抽出用試薬（Buffer A）500 μl入れ，チューブにサンプルNoを記載する．
②エタノール固定サンプルからピンセットを用いて0.1 mg程度の肉片を取り出し，上記の1.5 mlチューブに入れる．
③更にタンパク質分解酵素（Proteinase K；PK 5 mg/ml）5 μlを加え，55℃に設定した恒温器内で0.5～1時間程度放置する．
④サンプルを恒温器から取り出し，サンプルが室温に下がるまで放置する．……A液
A液をBuffer B（40 μl）に1 μl加え100℃ 8分間保持する．……B液

(2) PCR増幅：マグロ類のミトコンドリアDNAを増幅する
①アイスボックス内の以下の試薬類をマイクロピペットを使用して分注する．
②作成した反応液はボルテックス＆フラッシング．
③以下の反応液組成は1サンプル当たりの分量である．

PCRマスターミックス	15 μl
プライマー P1（5 μM）	2 μl
プライマー P2（5 μM）	2 μl
B液（DNA）	1 μl
Total	20 μl ……C液

④サーマルサイクラーにB液をセットしてPCR反応を行う．PCR条件は以下の通り．
96℃ 3 min＋（96℃ 30 s＋60℃ 30 s＋72℃ 30 s）×35 cycle＋75 min
⑤約2時間半後にPCR反応が終了し，増幅産物ができあがる．……D液

(3) 制限酵素処理：PCR産物を制限酵素により切断する．
本試験ではAlu I（制限酵素認識サイト；AGCT）を用いて分析を行う．
①アイスボックス内の以下の試薬類を分注してボルテックス＆フラッシング
②以下の反応液組成は1サンプル当たりの分量である．

滅菌蒸留水	1 μl
緩衝液	1 μl
制限酵素 Alu I	1 μl
PCR増幅産物（D液）	2 μl
Total	5 μl

制限酵素の至適温度は37℃である．

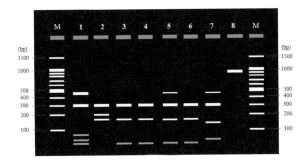

図2 制限酵素処理（Alu I）後の電気泳動像イメージ．
M:100 bp size marker, 1.太平洋クロマグロ 2.大西洋クロマグロ 3.ミナミマグロ 4.メバチα型 5.メバチβ型 6.キハダ 7.ビンナガ 8.PCR産物（コントロールDNA）．*100 bp以下のDNA断片は実際には明瞭には見えない．

恒温器を用いて2時間以上放置したものが制限酵素反応産物となる．　……E液
④ E液をすべて用いてアガロースゲル電気泳動によるDNA断片の分離を行う（100V 30分間）．
⑤ 電気泳動が終わったゲルにUVを照射し，デジタルカメラまたはスマートフォンで泳動結果を撮影する．

4．結果のまとめと考察（観察のポイント）

・制限酵素処理されたDNAバンドの切断パターンについて，図2を参考にクロマグロを特定する．
・それぞれの制限酵素で切断されたDNA断片の長さが予測どおりであるか，図のDNA配列と比較する．同様にメバチサンプルからは図1と図2を参考に個体群を判別する．

参考文献
1) 農林水産消費技術センター / 水産総合研究センター．2006．マグロ属魚類の魚種判別マニュアル．1-22．
2) Chow S., Okamoto H., Miyabe N., Hiramatsu K., Barut N. 2000. Genetic divergence between Atlantic and Indo-Pacific stocks of bigeye tuna (*Thunnus obesus*) and admixture around South Africa (Molecular Ecology). 9:221-227.

● 備考
（1）PCR-RFLP法（制限酵素断片長多型）
RFLP（Restriction Fragment length polymorphism）法は，制限酵素を用いて個体（個体群，種間）のDNAの違いを検出するDNA分析技術である．制限酵素は特定のDNA配列を認識して切断するため，認識部位に突然変異が起こっている場合，同じ制限酵素を用いて処理してもDNAが切断される個体と切断されない個体が出てくる．PCR産物を適切な制限酵素で処理することで，切断パターンに長さの違いが生じることを利用した分析技術がPCR-RFLP法であり，種や個体群の違いを効率的に判別できる．

（2）PCR（Polymerase Chain Reaction）法
ヒトゲノム（30億塩基対）のような非常に長大なDNA分子の中から，自分の望んだ特定のDNA断片（数百から数千塩基対）だけを選択的に増幅させることができる技術であり，極めて微量なDNA溶液で目的を達成できる．
PCRはDNA上の増幅したい部位に結合するプライマーと耐熱性ポリメラーゼを加えてDNA合成反応を行うが，操作は単純で，高温→低温→中温→高温……と周期的に温度を変えるだけである．DNAは高温（95℃）で変性して一本鎖となり，低温（50℃）ではプライマーがDNA上に結合し，中温（70℃）でDNA合成が進む．この操作により，1分子のDNAも数時間で100万分子以上に増えるため，後は充分に増えたDNAを普通に扱うことができる．PCRは微量DNAの特定の部分を短時間に検出できるので，病気の診断，親子判別，犯罪捜査など，幅広い分野に応用されている．

【コラム】環境 DNA 分析

　環境 DNA とは，土壌，水域など生物の生息する環境中に存在する DNA のことで，微生物などミクロ生物そのものや，マクロ生物から放出された DNA 分子を含む総称である．環境 DNA 分析は，環境中に存在する DNA を分子生物学の手法によって可視化し，そこに居る（居た）生物の在・不在を明らかにする方法である．本コラムでは生物相の把握や特定種の発見に大きく貢献できると期待されている環境 DNA 分析について，特に魚類に関する研究に焦点を絞って紹介したい．

　魚類のようなマクロ生物から放出される環境 DNA の実態は今のところ不明であるが，生物体から剥がれ落ちた組織片などであろうと想定されている．このような魚類を含む多くの生き物の環境 DNA 分析は現在進行形で発展をとげており，様々な方法がテストされているが，大別すると，1）採水と濾過，2）DNA 抽出と増幅，3）メタバーコディング解析または種特異的解析，の3つの工程からなる．その方法と課題について以下に述べる．

1）採水と濾過

　現在，魚類における環境 DNA 分析は主に 500～1000 ml といったわずかな環境水を分析することで行われている．この飲料用ペットボトルほどの水の中に存在している環境 DNA をフィルターで濾過することから環境 DNA 分析はスタートする（図1）．GF/F フィルターもしくはステリベクスフィルターとよばれる濾紙に採水した水を通過させることで，環境水中の DNA をトラップする．この時点では，魚類以外の環境水中の多くの生き物（たとえば微生物など）の DNA もトラップされている点に注意が必要である．環境 DNA は極めて微量の DNA であり，すぐに分解，消失してしまう可能性が高い．できる限り環境水中からすみやかに（できれば採集現場で）フィルターに DNA をトラップし，次の工程まで専用の保存液に浸すか冷凍保存することが望ましい．

2）DNA 抽出と増幅

　フィルターにトラップされた DNA を溶かし出す工程が環境 DNA 分析における DNA 抽出である．この工程は通常の動物組織からの DNA 抽出と同様であるが，対象とする環境 DNA は極めて微量であるため，実験室中に存在する他の生き物の DNA（実験者そのものを含む）の混入を防ぐことが最重要課題である．理想的には DNA 抽出や増幅は対象とする生き物を取り扱っていない実験室（たとえば魚類が対象ならば植物を扱う研究室で実験するなど）で行うことが望ましい．しかし，現実的には難しい場合が多いため，DNA 抽出とその後の増幅過程を別のスペースで行うなどの対策が講じられている．

　DNA 増幅には PCR（Polymerase Chain Reaction）とよばれる分子生物学の一般的な技術を用いる．PCR 増幅の成否はプライマーとよばれる増幅領域を規定する DNA 情報が重要である．次の 3）の工程において，生物相把握のためのメタバーコディングを行うか，特定種の検出を試みるか，その目的によって対象とする増幅領域は異なる．メタバーコディングに関しては幸い多くの魚類で良好に PCR 増幅できる MiFih とよばれるミトコンドリア DNA に設計されたプライマーセットが報告されており，広く利用されている（Miya et al. 2015）．一方，種特異的検出には独自にプライマーを設計する必要が生じる．環境 DNA は一般に断片的され短い DNA 分子（200 塩基程度）になっていると想定されている．この短い領域でプライマーが充分に機能する（対象種のみを良好に増幅できる）ことが重要である．また，環境 DNA 分析では，メタバーコディング解析と種特異的解析ともに短い DNA 配列で種を同定することが求められるため正確性の高い増幅酵素を用いることも肝要である．

3）メタバーコディングまたは種特異的解析

　そこにどのような魚類が居る（居た）か，といったその場の魚類相を知りたい場合は，メタバーコディング解析を行う．メタバーコディング解析を行う場合は得られた様々な魚類の DNA 配列がどの魚のものか答え合わせを行う DNA カタログ（DNA 図鑑）が必要になる．魚類では多くの種においてミトコンドリア DNA の配列がインターネット上の DNA データベース（たとえば DDBJ；DNA data bank of Japan）に登録されている．この充実した DNA カタログを利用できる点で魚類の環境 DNA 分析は他の分類群に比べて大きなアドバンテージがある．実際に，美ら海水族館で行われた環境 DNA メタバーコディング解析では水槽内にいる魚類相が 90% に近い精度で再現されている（Miya et al. 2015）．特定種の在・不在や生物量を定量したい場合は種特異的解析を行うことになる．リア

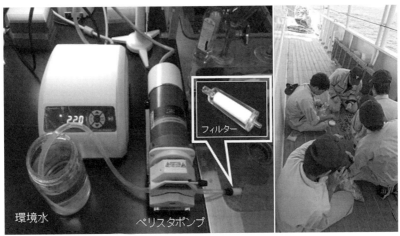

図 実験室での濾過システム（左）と洋上実習での濾過風景（右）

ルタイム PCR とよばれる方法を用いてある特定の魚類の DNA の増幅をモニターすることで，採水ポイント付近にその生き物がいたかどうかを明らかにする．舞鶴湾でのマアジに対する環境 DNA 分析において湾内で 47 地点から採水し，本種の湾内での分布の濃淡を明らかにしている（Yamamoto et al. 2016）．このように一度に多地点を分析できることも環境 DNA 分析の大きな特長の 1 つである．

以上のように，環境 DNA 分析では生物を直接採集することなくそこに居る（居た）生物の存在を明らかにできる点で画期的である．しかし，たとえば，環境 DNA 分析によって検出された生き物の在・不在に関して，本当にそこに居たのかどうかの証明は，やはり実際にその生き物を採集するか目視観察するなど，従来の方式での答え合わせが必須となる（不在の証明はできない）．また，どの程度の広さ（範囲）で対象生物の環境 DNA が検出されているのかといったことも謎の部分が多い．たとえば，ため池のような閉鎖系，河川のような半開放系，海洋のような開放系といった場の違い，水平方向のみならず鉛直への拡散の程度，対象とする生き物の個体のサイズなど，環境 DNA の検出は様々な要因に影響され得るため，一般化は難しい．更に，個体数が多い場合には環境 DNA 分析から得られる DNA 配列も多くなることが期待されるが，生物数の定量には多くの課題があるのも事実である．このような課題を 1 つひとつ克服することが今後の環境 DNA 分析の発展には欠かせないだろう．

（野原健司）

参考文献

Miya, M., Sato, Y., Fukunaga, T., Sado, T., Poulsen, J. Y., Sato, K., Mnamoto, T., Yamamoto, S., Yamanaka, H., Araki, H., Kondoh, M., Iwasaki, I. 2015. MiFish, a set of universal PCR primers for metabarcoding environmental DNA from fishes: detection of more than 230 subtropical marine species (Royal Society Open Science). 2: 150088.

Yamamoto, Y., Minami, K., Fukaya, K., Takahashi, K., Sawada, H., Tsuji, S., Hashizume, H., Kubonaga, S., Horiuchi, T., Hongo, M., Nishida, J., Okugawa, Y., Fujiwara, A., Fukuda, M., Hidaka, S., Suzuki, K. W., Miya, M., Araki, H., Yamanaka, H., Maruyama, A., Miyashita, K., Masuda, R., Minamoto, T., Kondoh, M. 2016. Environmental DNA provides a 'snapshot' of fish distribution: a case study of Japanese jack mackerel in Maizuru Bay, Sea of Japan (PLOS ONE). 11: e0149786.

18. 市場調査：漁獲物の調査準備と方法 ——— 堀江 琢

1. 目的

　市場には，様々な方法で漁獲された魚介類が集まるため，これらの資源量調査，分布調査，生態調査などを行ううえで非常に貴重な情報を収集することができる．本項目では市場に水揚げされる漁獲物の調査方法について，その準備と注意点について学ぶ．

2. 事前交渉

　市場に並ぶ鮮魚は商品であり，食品である．傷付けたり汚したりすると価値が下がるため，むやみやたらに触れてよいものではない．何を目的に，どのような調査を行うのかをきちんと明確にし，詳細な調査方法を提示して市場関係者に許可をいただく必要がある．

3. 準備

　調査に必要な機材として以下のようなものがあげられる．

①記録野帳・筆記用具：水で濡れることがあるので，耐水紙が望ましい．
②手袋：商品に直接触れると手の熱で痛むことがある．
③長靴：床は常に濡れているため，靴底が滑りにくい素材が好ましい．
④帽子：髪の毛の混入や頭部への怪我などを防げる．
⑤服装：水で濡れることを留意し，動きやすいものがよい．
⑥腕章など：調査を行っている関係者であることがわかるよう明示する．
⑦測定道具：メジャーや秤など必要なもの．
⑧記録用カメラ：耐水性があるものがよい．活魚に対しフラッシュで驚かさないこと．
⑨図鑑など：商品名は地方名よばれることがあるので，種を明らかにできるようにする．

4. 現場調査方法

（1）挨拶：調査で来たことを現場責任者に知らせる．勝手に行うと不審者と間違えられる．

図1　クロマグロの測定

(2) 靴の洗浄：市場によっては長靴を洗浄する洗浄槽があるのでそこで洗浄を行う．
(3) サイズの測定：
  ・商品であるので大切に扱うよう心掛ける．
  ・記録者と測定者の2名以上いるとスムーズに測定ができる．
  ・マグロなど大型の生物の測定は，測定者2名と記録者の3名で行うとよい．
  ・小型の生物を1人で測定・記録する場合は，吻先を測定用紙の端に合わせて魚を置き，後にサイズを読み取るように，測定したい長さのところにピンや鉛筆で印を付け，後に数値を記録する方法もある．
  ・調査はすみやかに行う．セリ落とされると所有者が変わるのでむやみに触れてはならない．
  ・セリでは大きな声で数字が読まれているので，邪魔にならないよう私語はつつしむ．
  ・フォークリフトやトラックなどが行き来しているので，周りにも十分注意する．
  ・市場には投棄された混獲物もある．誤解を避けるため，興味本位で持ち帰らず，必ず現場責任者に許可を得る．

19. 付着板を用いた生物群集の解析 ——————田中克彦

1. 目的

　海底は砂や泥からなる軟質底と硬い岩盤や大きな岩・石からなる硬基質底に大別される．このうち，硬基質底には付着生物，あるいは固着生物とよばれる生物の群集がしばしば発達する．付着生物には海藻のようないわゆる植物のほか，フジツボ類のような甲殻類，管棲の多毛類，コケムシ動物，イソギンチャクに代表される刺胞動物，ホヤ類など様々な動物も含まれる．付着生物にとって，自らが付着あるいは固着する基盤上の空間は生存に関わる資源であり，高密度下においてはしばしば空間をめぐる競争が生じる．また，移動能力がない，もしくは乏しい付着生物にとって，付着・固着した場所の環境は生育にとって重大な結果をもたらすため，岩礁性潮間帯における帯状分布に代表されるように，場所ごとの環境の違いによって棲み分けが生じる場合もある．そのため，付着生物群集は生物間の競争関係や環境因子と分布の関係を理解するうえで好適な教材となりうる．ここでは，付着板を用いた実験法とその分析について解説する．

2. 解説

付着・固着動物について

　付着生物の中には植物のみならず動物も数多く見られる．比重の重い水塊中には動物の餌となりうる有機物粒子や微小な生物が懸濁・浮遊して存在するが，付着性あるいは固着性の動物はそうした水中の懸濁粒子や浮遊生物を捕集することで，自らは移動することなく生存に必要な食物を得ることができる．このような生活様式は水界独特のものであり，陸上の動物では見られない．

帯状分布について

　帯状分布は垂直方向の環境勾配と各生物の環境耐性などに伴って生物の棲み分けが見られる状態を指し，層状分布，成帯分布などともよばれる．このような分布は高山帯の植物などにも見られるが，海洋においては潮の干満のある潮間帯で顕著である．潮間帯の帯状分布の成因には干出による乾燥や空気中に露出した際の高温あるいは低温などが挙げられるほか，各生物の分布下限には捕食や競争などの生物間相互作用が関与することも示唆されている．

3. 材料と方法

材料

　海中の異なる水深（潮間帯と潮下帯のそれぞれに設置すると差が出やすい）に 1～3 カ月程度垂下した後に回収した付着板．

実験器具

　①解剖具（ピンセットなど），②スクレイパー，③ノギス，④物差し，⑤秤，⑥方眼紙

実験方法

（1）付着板上の付着生物について，位置や被覆面積を方眼紙上に記録する．表面に海藻類や樹状のコケムシ類など，柔軟な体を基盤上に直立させて生育する生物が見られた場合はそれらを先に除去する（捨てないこと）．付着生物は図鑑などを用いて可能な限り同定し，ノギスや物差しも併用して，なるべく正確な位置関係を方眼紙の上に写し取り，種名，生物群名を付す．この際，付着板垂下時にどちらが上側でどちらが下側だったかも明示しておく．なお，ある付着生物の上をほかの付着生物が被覆している場合もあるので，そのような場合には上部の付着生物を剥がして下部の付着生物も記録する．また，フジツボなど各個体のサイズを計測可能なものはその計測結果を合わせて記載しておくとよい．

（2）出現した付着生物について，種あるいはグループごとに計数し，湿重量を測定する．なお，付着試験においては，付着板の縁やロープを通すために穴を開けた部分により多く付着生物が

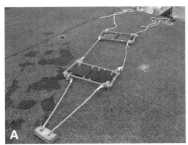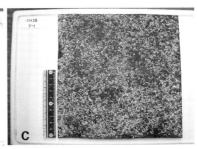

図1 付着板を用いた実験の例．A：付着板の一例．B，C：回収後の付着板の例．垂下する季節や期間，水深によって異なる結果が得られる．B：フジツボ類が多数付着した板．C：カンザシゴカイ類が付着した板．

付着することがある．そうした周辺効果を避けるため，付着板の中央部分だけを分析の対象としてもよい．海藻類や群体性の動物（例：コケムシ類）など計数が困難なものは湿重量の測定のみとし，カンザシゴカイ類などしばしば大量に付着が見られた場合には，全体の湿重量を計測した後に一部をサブサンプルとして計数・計量し，その結果に基づいて全体の個体数を見積もることもできるだろう．最終的に計数，測定の結果は単位面積当たり（1 m² 当たり）に換算しておく．

(3) 出現種や現存量の比較．出現種とその生物量を異なる水深に垂下した付着板の間で比較する．生物量の比較は付着生物全体，門ごと，優占種ごとなどのそれぞれについて検討する．

(4) 多様度指数の算出．得られたデータに基づいて，それぞれの付着板ごとに多様度指数を算出し，付着板間で比較する．なお，多様度を表すために複数の指数が考案されているが，同じ付着板のデータを用いて複数の多様度指数を算出し，その結果を比較することで各指数の特徴についても理解が深まる．

4．結果のまとめと考察

多くの付着生物は基盤上に付着した後は移動することができない．そのために付着した場所の環境が付着後の生存や成長に大きな影響を与える．本実験においては，しばしば干出する潮間帯と干出することがない潮下帯に設置した付着板を用いることから，付着板間の付着生物の出現状況を比較する際には，潮間帯と潮下帯の環境的な違いに留意して考察を行う．この際，潮時表のデータ（主要な港湾の潮位データは気象庁のホームページで入手できる）から付着板を設置した潮位・水深の干出時間などを求めることもできるだろう．また，同じ付着板の上部と下部での付着状況の違いについても観察・検討するとよい．

付着生物の密度が低い場合，各付着生物が密集して付着しているか，あるいはお互いに距離を取りながら付着しているかなどについても検討し，その理由について考えてみる．付着生物の密度が高く，付着生物の上に更に付着生物が被覆しているような場合には，付着生物の重なり具合（どのような付着生物がほかの付着生物を被覆しているか）に注目し，各付着生物の形態（被覆性のものか，基盤から直立しているものか，など）も合わせて考察することで，空間をめぐる競争関係と各付着生物の生存戦略について洞察を得ることができるだろう．

20. 野外での行動や生態の観察 ——————赤川 泉

1. 目的

生物学の入り口ともいえる行動や生態の観察であるが，フィールドにおける海洋生物を，大学の学生実験の範囲で観察するのは非常に困難である．学生実験は時期が決まっていたりわずかの時間であるうえに，大人数で生物の本来の生息地である海や川や河口まで出掛けてゆくのは，学生の安全にとっても生物への影響の点からも多大な問題がある．にもかかわらず，生きている生物の様々な姿を時間をかけて観察し調査すること，そして生息地で実験することは非常に重要である．そのうえで実験室の実験と併せて初めて生物の真のありように迫ることができるだろう．

観る目を養うためにはよく観察しなければならない．野外での観察のわかりやすい例をいくつか紹介しよう．

2. 解説

アマゴ Oncorhynchus masou ishikawae の生息地選択

アマゴは水温が20℃以下の渓流に棲むサケ科の魚である．陸生の落下昆虫や川底に棲む水生昆虫またはその幼生などを餌とする．流れに逆らって一定の位置を保つ定位行動を行うが，大きな個体から順にいい場所に定位し，定位できない個体もいることが知られている．さて，実際に渓流に潜ってアマゴの生態を観察してみよう．彼らはどのようなマイクロハビタット（ハビタットは生息地，マイクロが付くとより詳細な生息地を意味する）を好んで生息しているのだろうか？

渓流は瀬と淵からなり，瀬は浅くて流れが速く，淵は深くて流れは穏やかである．潜るといっても，マスクとシュノーケルを着けて下流から匍匐前進で静かに淵に接近する．水はかなり冷たいので夏でもウエットスーツが必要である．バシャバシャするとアマゴはすぐに隠れてしまうが，そっと近付くと，何個体ものアマゴを見ることができる．定位している個体もいれば，遊泳している個体もいる．個体数，定位位置，遊泳範囲，攻撃相手と回数，それぞれの個体の体サイズを観察して耐水紙にメモする．体サイズの推定には訓練が必要である．水中では大きく見えるので，何度も石や魚を見て予想し実際にサイズを測定してみる．10分間当たりの摂餌回数を調べる．周囲に他魚種がいればその種類や個体数・サイズ・位置も記録する．次に定位置の全水深，定位水深，流向流速，定位位置周辺の流向流速，水面の照度，水中カバー（岩や流木などの隠れ場所）・上空カバー（渓畔林や橋など上空を遮るもの）の有無や距離も測る．データがとれるまでにかなりの時間と経験を要することがおわかりいただけるだろう（図1）．

更に，それらの調査項目は時刻によって変化するのか，天気によって変わるのか，季節によるのか，上流下流によって変わるのか，渓畔林の影響は？　多くの河川に見られる堰堤の影響は？　考えるべきことは多々ある．タグ着けや皮下注射などにより個体識別をして，個体の移動や成長を調べることもできる．

たとえば，様々な環境条件を変えてフィールド実験を行うこともできる．水中カバーとなるような構造物を設置して定位個体数や定位位置の変化を調べたり（図1），個体識別したアマゴを別な場所に移動して密度を変え，それまでにいた個体や移動個体のようすを観察するのは興味深い．

ハナハゼとダテハゼとテッポウエビの共生，またはハナハゼペアの継続とパートナー除去実験（スキューバダイビングによる観察と野外実験）

ハナハゼは遊泳性のハゼで，テッポウエビとダテハゼが共生する巣穴に，3番目の共生者としてペアで同居することがある．巣穴を掘って管理するエビと，目の悪いエビに敵の接近を知らせる共生ハゼの役割分担は知られている．そこで，3者が同居する巣穴で以下のような調査と実験を行い，ハナハゼとほかの2種との関係を明らかにすることを試みた．同居するハナハゼとダテハゼの体サ

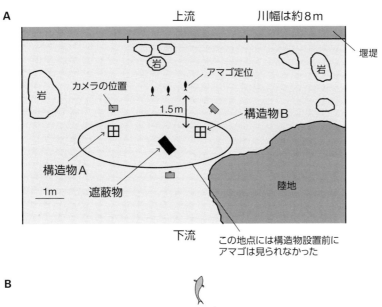

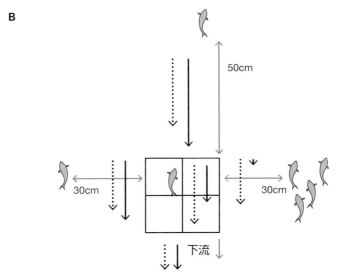

図1 静岡県気田川に流入する早川沢で行った調査地の略図.渓流に構造物を設置し,設置前と比べて,流れの変化やアマゴの個体数と定位位置を調べた.A,ジャングルジム状の構造物(30×30×30 cm)の設置位置と設置前の状況;B,最も多くのアマゴが見られた構造物Bの周辺図,破線矢印は構造物設置前の流速,実線矢印は設置後の流速を表し,長さは流速に比例している(中村・加納・久保, 2016)

イズ,巣穴の入り口の大きさ,テッポウエビのサイズ(できれば)を調べ,次に行動観察し,ハナハゼとダテハゼに個体間干渉があるか,あるとすればどんな時か,更に,ハナハゼがいない巣といる巣で,エビが巣穴から砂を掻き出す回数,ダテハゼの摂餌回数を調べた.

最後に野外実験を行った.巣穴付近で異物を動かし,3種が巣穴に逃げ込む順番と逃げ込むまでの時間を調べた.異物の位置やサイズによってそれが変わるのか.また釣り糸を通したハナハゼをダテハゼに近付けて反応を調べた(図2).その結果,ハナハゼと同居するダテハゼはハナハゼを威嚇しなかったが,同居しないダテハゼの57%が威嚇した.

次にペアでいるハナハゼがどのくらいの間,同じ相手と同じ巣穴でペアを継続するのか,また,パートナーを除去するとどうなるのかを調べた.まずは個体識別を行う.体にある斑紋や縞模様の位置や大きさで個体が見分けられれば,自然標識による個体識別になるが,それが無理なら捕獲し

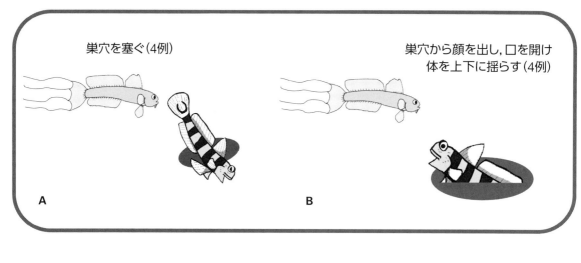

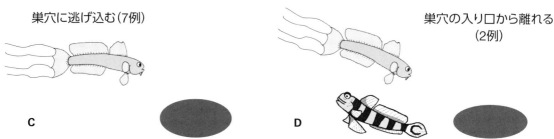

図2 高知県橘浦でスキューバ潜水によって行った，ハナハゼと同居していないダテハゼに釣り糸を付けたハナハゼを接近させる野外実験．21回の試行は上の4パターンに分類され，ハナハゼと同居しているダテハゼでは見られないaやbの妨害行動が半数を占めた（小川・松本，2015）

てタグを着けたり，皮下注射をして識別する．ハナハゼは尾鰭の伸長鰭条の位置と長さで個体を見分けることができる．それを記録しておき，多くのペアのうちどのペアがいつまで持続したか観察した．また，ペアの片方を捕まえて隔離すると，その後何が起こるか（いつごろ，どんな個体が入ってきて新しいペアを作るのか，残った個体がどこに移動するか　等々）を毎日観察した．

以上のような野外での実験や観察は体力も費用も手間もかかるが，新しいことが次々と解明され，このうえなく楽しい．

参考文献

小川和裕・松本宗一郎．2015．ハナハゼが共生者ダテハゼとニシキテッポウエビへ与える影響．（東海大学海洋学部卒業研究）．

中村真子・加納　亮・久保穂波．2016．早川沢に於けるアマゴの生息環境と構造物設置による環境・行動の変化．（東海大学海洋学部卒業研究）．

21. 繁殖行動実験 ―――――― 赤川　泉

1. 目的

　実際に繁殖を観察することは簡単ではない．しかし，配偶者選択ならば，繁殖期には比較的行いやすいだろう．性選択の基本である雄間競争とメスによる配偶者選択を調べることを目的とする水槽実験を紹介しよう．学生実験のように限られた時間内で多くの学生が生物の観察を行い，結果や考察をレポートにできるところまで，テーマや材料を選び準備することは至難のわざである．以下に説明するのは卒業研究や大学院の研究の例である．

　配偶者選択としてよく行われるのが，3分割した水槽の中央部にメスを収容し，両サイドに体サイズや体色の異なるオスを入れて，それぞれのオスへのメスの接近時間を測定し，どちらのオスに興味を示したかを調べる実験である（図1）．図中の色の濃いゾーンにメスが入ったら，そちら側のオスに興味を持っているとして，その時間を計測する．体サイズや体色をそろえて，各オスの求愛回数を測り，メスが求愛回数でオスを選ぶのか調べることもある．また巣の形状や大きさでメスが選択するかどうかを調べることもできる．大きなオスを選んでいるように見えても，実は大きなオスが構えている大きな巣を選んでいることもある．たとえば大型のオスを選ぶ魚種では，オスがメスより大きくなることが多い．自分と同じくらいのサイズのオスをメスが選ぶ調和配偶という選択の仕方もある．たとえばアユのように，水流のあるところで産卵する場合には，サイズが違うと受精率が下がるおそれがある．また，オスによる求愛行動の影響を排除するためには，オスからはメスが見えないようにする必要がある．

2. 解説
2-1. タツノオトシゴ類の産卵

　タツノオトシゴ類の産卵は日中で時刻が決まっていないため，観察するのは難しい．しかし産卵の瞬間を観察できなくても，メスがどの個体を選んで産卵したかは，卵を受け取ったオスの腹部が膨満してくるので判明する．繁殖期は春になって水温が上がると始まり，秋まで続く．1個体のメスと数個体のオスを同じ水槽に収容して飼育するとメスの配偶者選択を調べることができる．ただし，逆に1個体のオスと数個体のメスを飼育する

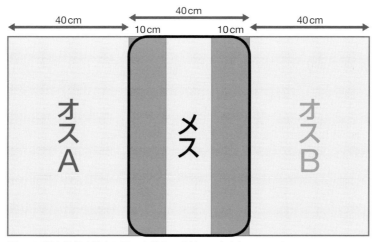

図1　配偶者選択水槽上面図．水槽を3分割し，中央部のメスがオスAまたはオスB寄りの色の濃いゾーンに入った時間をそれぞれのオスを選択したとして計測する．

表1 サンゴタツにおける雌雄サイズと求愛回数・産卵成功の関係．求愛行動は17ペア間で46回観察され，オスが大きい場合と逆の場合とで，積極的求愛回数も産卵回数にも有意な相違が認められた（Fisher正確確率検定，$P<0.05$）．（吉野・荒木・鈴木・赤川，2009）

	オスが積極的なペア			メスが積極的なペア		
	ペア数	求愛回数*	産卵回数**	ペア数	求愛回数*	産卵回数**
オスが大きい	10	28	6ペアで8回	3	5	2ペアで4回
メスが大きい	4	13	1ペアで1回	0	0	なし

*Fisher正確確率検定　$P<0.05$，**$P=0.018$

と，注意深く観察しないと，どのメスがオスに産卵したかを見極めるのは難しい．サンゴタツでは産卵後2週間ほどでオスが稚魚を出産するので，その個体数と体サイズを測定すると，雌雄どちらの体サイズが子どもの数やサイズにどう影響するかを調べることができる．（表1）

2-2．アミメハギの産卵と卵保護

アミメハギは西日本の藻場に棲むカワハギ科の小型魚で，5月から10月と比較的長い繁殖期を持つ．メスは状態がよければ，この間1週間に一度，沈性付着卵を産んで，孵化まで2, 3日間保護をする．産卵は早朝であるが，明るくなって2, 3時間以内であり，暗幕を用いてコントロールすることも可能である．フィールドで潜水観察すると，生息密度にもよるが，1個体のメスを複数のオスが追尾して，1雌多雄型産卵を行うが，水槽内では1個体の強いオスがほかのオスを攻撃して繁殖を独占することが多い．たとえば縦横4mのコンクリート水槽に30cmほど海水を入れて，個体識別ができるようリボンタグを装着したアミメハギ雌雄を5個体ずつ収容し，明け方，水槽上方から観察すると，オスが行列を作ってメスを追尾し，その順番が途中で何度も入れ代わり，数分から3時間の範囲で，複数のオスがメスの両側に並んで産卵した．メスは配偶者選択をしているのか？　しているとすれば，どうやって選択しているのか？　どんなオスが雄間競争に勝ってメスのすぐ両側で産卵し，どんなオスが参加できないのか？（図2，表2）

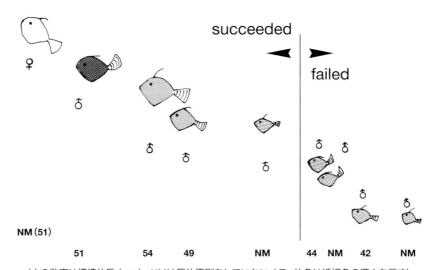

（上の数字は標準体長（mm），NMは個体識別をしていないオス，体色は婚姻色の濃さを示す）

図2　アミメハギの産卵行列の一例（模式図）．5〜10月の早朝，産卵間近な一個体のメスを追って複数のオスが行列を作り，5分〜3時間ほど，オスは順位を争った後，先頭から順にメスの両側に並んで産卵する．上の例では前から4位までのオスは産卵に参加できたが，後方のオスは参加できなかった．（赤川，2010）より改変

表2 8月の水槽実験におけるアミメハギの産卵までのオスの行列参加と産卵時の位置どり．水槽は4×4 mのコンクリート水槽に深さ60 cmになるよう海水を入れ，オス5個体（A～E）とメス5個体を投入し，上から観察した．（Akagawa et al., 1998）より改変

オスの個体名	婚姻色の強度	標準体長 (mm)	行列参加率 (%)	平均得点	産卵時の位置どり (1)	産卵時の位置どり (2)
A	◎	65	18.8	0.6	-	1″
B	●●	61	91.7	4.5	1	1
C	●	55	79.2	2.7	1″	3
D	◎	51	31.3	1.0	-	2″
E	●	50	68.8	2.5	2	2

平均得点は行列先頭を5点，2位を4点，5位を1点，不参加を0点として平均値を出した．産卵時の位置取りは，メスの両側を1と1″で，その外側を2と2″で，更に外側を3とした．●●は特強，●は強，◎は中を示す．

図3 アミメハギは海藻などに卵を産み付け，通常はメスのみが卵保護を行う．オスのみが卵保護を行う場合が多い魚類において少数派である

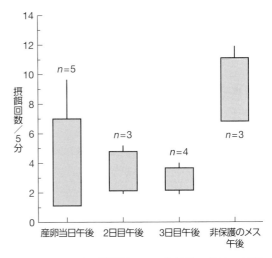

図4 アミメハギの卵保護中のメス（1日目・2日目・3日目）と非保護メスの摂餌回数の標準偏差（四角）と範囲（バー）

　また，メスの卵保護行動を産卵当日，翌日，孵化日と比べることもできる．トゲウオでは卵の酸素要求量の上昇に応じて，ファニングの回数があがるが，アミメハギではどうか？ アミメハギのメスは産卵後，口を押し付けて卵塊を延ばし，孵化まで2,3日，水を吹きかけ，胸鰭でファニングし，死卵を除き，接近する卵食者を追い払ってつきっきりで保護する（図3）．ファニングの回数を数えるのは難しいので摂餌回数を調べてみた．また，保護メスを除去する実験を行うとフィールドでは，通常は見られない保護オスが現れることがあり，保護オスがいない場合には，翌日までにすべての卵が捕食されてしまった．保護オスは卵の父親であるのか？ これはフィンガープリント法による親子判定をすれば証明できる．

　通常保護するメスの保護行動と普段は見られないオスの保護行動に違いはあるのか？ 興味深い問題はいくらでもある．

参考文献

Akagawa, I., Kanda, T., Okiyama, M. 1998. Female mate choice through spawnig parade formed by male-male competition in filefish *Rudarius ercodes*. J. Ethol. 16: 105-113.

赤川　泉．2010．産卵と子の保護．塚本勝巳（編）．魚類生態学の基礎．恒星社厚生閣．

吉野美和・荒木香織・鈴木宏易・赤川　泉．2009．サンゴタツの求愛行動―配偶者選択と配偶システム．東海大学海洋研究所研究報告，30: 21-29.

22. 摂餌実験

赤川 泉

1. 目的

対象魚がどんな餌を食べているかは，採集した標本の胃内容物を調べるとわかる．その餌が好みであるかどうかは，そのフィールドにいた餌生物の割合と胃内容物中の割合を比べれば，選択性を見ることができる．また，飼育下で摂餌実験を行うことによって，体サイズや社会的地位による餌の獲得や餌をめぐる個体間競争について知ることができる．更には，どのタイミングでどんな餌を与えると飼育下での生き残りや成長がいいのかは養殖にとって非常に重要な問題である．

2. 解説

2-1. ニホンウナギ

日本の河川や池沼に豊富に生息したニホンウナギ（以下ウナギとする）は今や絶滅危惧種IB類（IUCN）である．グアムの近海で産卵され，プレレプト，レプトセファルスを経て，日本沿岸にたどり着く頃にはシラスウナギとよばれる透明な体になり，クロコを経て黄ウナギとして，河川や沿岸で成長し，銀ウナギとなって産卵場へ戻るサイクルもわかってきた．県の許可を得て河川下流部で採集した黄ウナギを用いて摂餌実験を行い，ウナギが何をいつ食べているのか，嗅覚は鋭いが視覚は弱いとされるウナギが，中の金魚が見えるが臭いのしない給餌ケースと，見えないが臭いのするケースに対してどのように反応するのかを調べた（図1）．

2-2. サンゴタツ稚魚の摂餌実験

タツノオトシゴの仲間も乱獲や生息環境の悪化によって減少しており，2014年にワシントン条約付属書IIに掲載され，国際的な取引が制限されている．タツノオトシゴ属魚類は産卵数も少なく生存率を上げるのも難しいため，養殖にとって稚魚の摂餌は大きな課題である．本学科と東海大学海洋科学博物館（以後博物館とする）学芸員鈴木宏易氏はサンゴタツ稚魚の摂餌実験を行って，生存率を上げることに取り組んでいる．

震災前に採集された宮城県松島湾産のサンゴタツを博物館で繁殖させ，同じ親から産まれた稚魚から10～30個体ずつランダムに取り上げ，それぞれ異なる餌を与えて，生残と成長を比較した．餌の種類は，1）アルテミアのみとアルテミアと

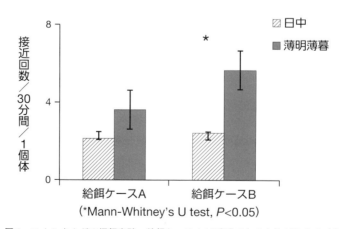

図1 ニホンウナギの摂餌実験．給餌ケースAは透明で中の金魚が見えるが臭いはしない．給餌ケースBは中は見えないが小さな穴を無数に開けて中の金魚の臭いがする．日中と薄明薄暮時に水槽内で21個体の黄ウナギが30分間に何回給餌ケースに接近したかを調べた（後藤・石原・塚田・長岐, 2012）．

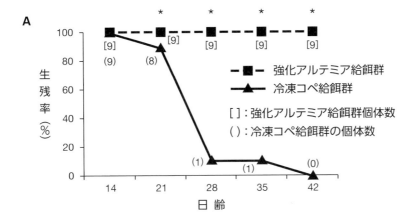

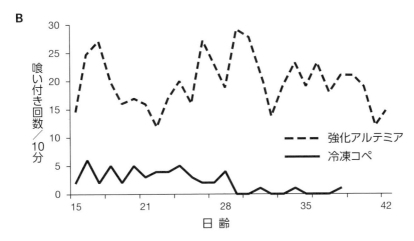

図2 同腹のサンゴタツ稚魚を2分し，強化アルテミアを給餌する群と冷凍コペポーダを給餌する群の生残率（A）と1個体の10分当たりの喰い付き回数（B）を調べた．生残率は明らかに前者が高く，喰い付き回数を見ると冷凍コペポーダにはほとんど反応していないことがわかる（勝美・谷口，2015）．

ワムシの混合，2）栄養強化アルテミアと非栄養強化アルテミア，3）栄養強化アルテミアと冷凍コペポーダ，などであった（図2）．3）では結果がはっきりしており，稚魚にとって動かない冷凍コペポーダは餌として認識されず（図2），栄養としては優れているコペポーダについては水流などの力を借りて生きた餌と同様に摂餌させる方法の考案が必要とされる．餌以外の条件はそろえたが，どの組み合わせでも，供試魚によって生残率が大きく異なり，親魚の状態によって，生残率が大きく影響されることが考えられた．1）の結果として，どちらも死亡率が高い場合と，どちらも低い場合，更には混合がよい場合があった．稚魚のわずかのサイズの違いのために，より大きい餌であるアルテミアが食べられない場合には，初期に小さい餌であるワムシが与えられなければ死亡率は高く，稚魚が大きく，アルテミアが食べられるサイズであれば，ワムシがなくても生存することが考えられた．

参考文献

後藤實史・石原祐斗・塚田敦志・長岐　潤．2012．ニホンウナギの飼育下における摂餌行動―環境条件と視覚による餌認識．（東海大学海洋学部卒業論文）．

勝美朋恵・谷口友理．2015．サンゴタツの初期餌料の研究―アルテミア vs. 栄養強化アルテミア，栄養強化アルテミア vs. 冷凍コペポーダ．（東海大学海洋学部卒業論文）．

23. 魚類嗅覚行動の観察（1）野生魚を用いた実験

庄司隆行

1. 目的

　魚類は，索餌や生殖，逃避，成群などの特異的行動の引き金となる情報を視覚や側線感覚，化学感覚（主に味覚と嗅覚）などの感覚受容器から得ている．中でも，嗅覚から得られる匂いの情報は生存や繁殖に欠かせない重要なものである．
　ここでは，魚類の中でも比較的実験に供しやすいニホンウナギを用いて，水中のどのような匂い物質が索餌や摂餌行動を誘発するのかを観察し，魚類の嗅覚の生存への寄与を理解する．

2. 解説

　ニホンウナギ *Anguilla japonica* は，捕獲されたいわゆるシラスウナギから人工飼育されて食品として流通するものが大半であるが，養鰻池で飼育された養殖個体は，野生魚の示す様々な嗅覚行動をまったく発現しないことがほとんどである．従って，本実験では釣獲した野生魚を用いて行動観察を行う．
　ウナギ類は自分の体に合った穴や隙間に入り込む性質がある．この性質を利用すると，比較的小規模の実験水槽での単純な行動の変化を観察することができる（図1）．すなわち，細長い水槽の底面にポリ塩化ビニル（PVC）製のパイプを固定すると，ウナギはほぼ確実にパイプの中に入り込んでパイプの先端（水槽の壁側ではなく開けた側）から吻端だけを出す．従って，ウナギの頭側のパイプ先端に向けてポリエチレン（PE）チューブなどの刺激溶液放出ノズルを配置すれば，そこからの匂い刺激が嗅覚器に確実に届く．しかも，その匂い刺激がウナギにとっての餌由来の物質を含む場合，パイプから頭部を出して口と鰓を大きく動かしたりパイプから出てノズルの先端に噛み付いたりという普段の動きと識別しやすい索餌・摂餌行動を示す．このような動きを観察することによって，ニホンウナギがどのような匂い物質の情報を索餌や摂餌に利用しているのかを調べることができる．
　魚類にとっての匂い物質は，陸生動物とは異なり水中に溶けた化学物質であり，その種類もある程度限られる．本実験では，無機塩類，アミノ酸およびアミノ酸関連物質，拡散関連物質などを匂い刺激物質として用いる．なお，魚類の嗅覚器は一般に糖に対する受容体を持たないと考えられている．

3. 材料と方法

(1) 材料

　ニホンウナギ野生魚（雌雄の区別はしない）

(2) 実験器具

　①実験水槽，②PVCパイプと水槽底面への固定具，③水中CCDカメラ，④ビデオレコーダーおよびSDカードなどの記録媒体（後々PCで動画を編集することを考え，MPEG-4などの汎用の規格で記録する），⑤ビデオモニター，⑥匂い刺激溶液を入れるPE製などのプラスチック瓶（マリオット瓶）またはイルリガートル，⑥刺激用のチューブ類，三方活栓（または水溶液を流すことができる2ポート電磁弁）および呼び水用のシリンジ（50 ml 以上）
　〈試薬など〉食塩，L-グルタミン酸ナトリウム（MSG），タウリン，アデノシン三リン酸（ATP），キンギョなどを飼育した魚体表粘液などを含む水

(3) 実験方法

　図1, 2に示した実験水槽はFRP製であるが，飼育水（順応水）の十分な流入・流出が可能であればPVC製でもPE製でもなんでもよい．水槽底面に固定するPVCチューブの内径や全長は，用いる個体の大きさで適宜変えてよい．極端に細すぎたりしない限りウナギは入ってくる．
　また，図1, 2では匂い刺激溶液の容器としてイ

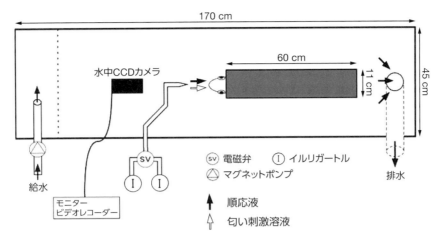

図1 実験水槽の模式図（電磁弁・イルリガートルを用いた場合）

ルリガートルが使われているが，容器中の溶液量が変化しても流速が変化しないマリオット瓶を用いるほうが理想的である．ただし，自作する必要がある．マリオット瓶の場合，瓶内の溶液放出および空気取り入れチューブの下先端と匂い刺激放出ノズルとの落差を変えることで放出の流速を調節することができる．

ウナギの動きは暗黒下でより活性化するので，図2の上部にあるような赤外線照射器でパイプ先端付近を照射して赤外線に感度のある水中CCDカメラで観察することが望ましい．水は赤外線を吸収するので，水深をなるべく浅くし強度の強い照射器を使う必要がある．

順応液（飼育水）と匂い刺激溶液を切り換える弁は，手動の三方活栓よりも遠隔操作が可能な電磁弁を用いるほうがよい．実験水槽とは離れた別室で刺激のON・OFFと観察・ビデオ記録を行ったほうが，匂い以外の魚への刺激を除くことができるからである．

①実験魚の馴致：実験魚は観察を行う前日に実験水槽に入れ，あらかじめ馴致させておく．このときは飼育水を灌流する必要がないが，エアレーションやヒーター（クーラー）は必要である．水温は馴致・実験を通して20〜25℃程度に調節しておく．馴致時には餌料は与えない．また，できれば実験魚を水槽に入れる前に，チューブや水槽の壁に吸着しにくいトリパンブルーなどの色素を用いて水槽内の水の動きを可視化し，特に刺激溶液放出ノズルからの水流が確実にチューブ先端に達しているかを確認しておく．

②匂い刺激溶液の調製：10 mmol/l 食塩，1 mmol/l MSG, タウリン，ATPをすべて飼育水を溶媒として調製しておく．また，キンギョなどを数日間飼育した魚体表粘液などを含む水をあらかじめ準備する．匂い物質を含まない飼育水を順応液とする．滅菌していないこれらの溶液は容易に腐敗するので用時調製とする．

③マリオット瓶からの呼び水：イルリガートルの場合はチューブ中にエアクッションがあっても溶液は落下するが，マリオット瓶の場合は順応液・匂い刺激溶液の各瓶から刺激溶液放出ノズル付近までの空気を抜いてやる必要がある．そこで，電磁弁（三方活栓）と刺激溶液放出ノズルの間に三方活栓を1つ繋ぎ，シリンジで空気を抜くことができるようにする．

④観察の準備：ビデオ観察・記録が正常に行われるかを確認し，刺激開始の30分以上前から水槽に飼育水を灌流させておく．また，10分ほど前から刺激液放出ノズルから順応液（飼育水）を放出し，魚がパイプ内で落ち着いていることを確認する．

⑤匂い刺激溶液の放出：魚が落ち着いていることを確認したらビデオ記録を開始し，1分程度記録した後に弁を匂い刺激溶液側に切り換える．実験魚の鼻孔に近い位置から刺激溶液を吹き付けることになるので，流速にもよるが，刺激時

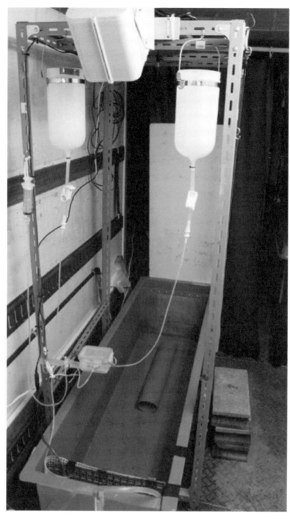

図2 実験水槽および PVC チューブ

間は10秒程度でよい．強い匂いほど嗅覚はすみやかに順応して匂いを感じなくなるので刺激時間を長く設定するのは意味が無い．刺激後は弁を順応液側に切り換える．ビデオ記録は刺激後もしばらく続ける．また，ビデオ記録時に匂い刺激を開始したタイミングがわかるようにしておく．
⑥刺激後の休息：1回の観察（1種類の匂い溶液刺激）の後は，次の観察まで30分以上実験魚を休息させる．このときも水槽に飼育水を灌流させ続けて放出した匂いを洗い流す．
⑦異なる個体を用いて実験を繰り返すことにより結果の精度が上がるので，可能であれば最低でも3尾の魚を用いる．

4．結果のまとめ（観察のポイント）

（1）実験個体あるいは匂い物質の種類によってウナギが示す行動の変化は少しずつ異なるが，いくつかの動きに類型化できると思われる．それぞれの動きの回数などを細かくカウントしてなるべく定量的な集計方法を工夫する．

（2）実験を行う時間帯や明暗の違いなどが実験結果に影響していないか注意する．

（3）ウナギの索餌・摂餌行動を誘発する餌由来の匂い物質と考えられたものについては，溶液の濃度を10・100・1000倍に希釈して同様の実験を行い，おおよその嗅覚感度を推定する．

24. 魚類嗅覚行動の観察（2）モデル魚を用いた実験

———————————————————————— 庄司隆行

1. 目的

前項のニホンウナギを用いた実験・観察では行動の変化がわかりやすいというメリットがあったが，釣獲するか都道府県の特別採捕許可を得てトラップで採るかするしかなく，地域によっては野生魚の入手が困難である．一方，ゼブラフィッシュやメダカなどのモデル動物は入手が容易でその遺伝的な素性も明らかであることがほとんどである．

ここでは，モデル動物として各分野で盛んに研究されているゼブラフィッシュを用いて嗅覚行動を観察する．

2. 解説

ゼブラフィッシュ Danio rerio は，脊椎動物のモデル動物として発生学をはじめ多くの分野で盛んに用いられてきた．嗅覚に関する分子生物学的研究や行動学的研究も多い．また，本種はコイ目コイ科に属し，他個体が受けた捕食者からの攻撃などで表皮から分泌された警報物質（alarm substance）を嗅覚器が受容するといわゆる恐怖反応を発現することも知られている．すなわち，警報物質の匂いを嗅ぐと，すばやく逃避したり静止して遊泳を完全に止めたり暗所に隠れようとしたりする行動を見せる．これはゼブラフィッシュだけでなく多くの魚種で観察されているが，ゼブラフィッシュは小型（約 5 cm 以下）であるため実験水槽の構築が容易でこのような行動を観察するのに適していると思われる．そこで本実験では，ゼブラフィッシュの嗅覚行動のうちの恐怖行動と索餌・摂餌行動を観察し，匂い刺激の種類とそれらに対して示す行動の違いを理解する．警報物質の候補は同定されてはいるが，実際に魚が受容している物質は単一のものではないと思われるので，ここでは捕食者からの攻撃に替えてゼブラフィッシュに強い物理的なストレスを与えたときの飼育水を匂い刺激溶液とする．

ところで，マウスやラットなどの動きの観察では，ほとんどの場合は床面を二次元的に移動するだけなので行動の解析は比較的容易であるが，多くの魚類は三次元的に遊泳するので動きをトラッキングするのは簡単ではない．そこで，実験水槽の上面からと側面からの2方向からビデオ記録を行い，その後動画をPCに取り込んでソフトウェアにより解析して遊泳軌跡や遊泳速度の変化を描画・グラフ化する．ソフトウェアは自分で開発するか市販されているもの（例：3次元動画計測ソフトウェア Move-tr/3D, 株式会社ライブラリー）を用いる．

3. 材料と方法

(1) 材料

ゼブラフィッシュ成魚（オスおよびメス）

ゼブラフィッシュはすでに継代繁殖させている研究室からわけてもらうか，本実験では遺伝的な差異は問わないので観賞魚として市販されているゼブラ・ダニオを購入してもよい．

(2) 実験器具

①実験水槽（ガラスまたはアクリル製で上面・側面からのビデオ撮影が可能なもの），②ビデオカメラ2台および各カメラを固定するためのブラケットや三脚など，③前項で用いたものと同様の匂い刺激のための瓶・弁・チューブ類など，④PCおよび解析用ソフトウェア

〈試薬など〉タウリン，アデノシン三リン酸（ATP），ゼブラフィッシュ飼育水（ゼブラフィッシュ約20尾と飼育水をビーカーなどに入れマグネティックスターラーで強く撹拌し，パニックに陥らせた際の飼育水）

(3) 実験方法

実験水槽は縦横高さが 20～30 cm 程度の小型のもので十分である．ただし，観察の死角となる水

槽の枠はごく細いものかほとんどないものが望ましい．上面からと側面からのビデオ撮影を行うカメラを固定し，確実に撮影できることを確認しておく．

① 馴致：ゼブラフィッシュ1尾を実験水槽に入れ30分程度馴致させる．複数個体での実験も可能ではあるが，遊泳する魚どうしが交差する瞬間などの動画は，ソフトウェアによるビデオ解析での識別エラーを起こしてトラッキングができない可能性があるのでここでは1尾の行動を観察する．

② 固定：魚体から卵巣を摘出し，よく水分を拭き取り，重量を測定する．卵巣の一部を切り取り，すみやかに固定液に入れて固定する．（固定時間は10％ホルマリンの場合はおおむね1日以上）．

③ 匂い刺激溶液の調製：$1\,\mathrm{mmol}/l$ タウリン，ATPおよびストレスを加えたゼブラフィッシュ飼育水を準備しておく．これらはすべて用時調製とする．

④ 匂い刺激溶液の放出：匂い刺激溶液がすみやかに水槽内に拡散するように酸素供給を兼ねたエアレーションによる撹拌を行う．魚が落ち着いていることを確認したらビデオ記録を開始し，1分程度記録した後に弁を匂い刺激溶液側に切り換える．刺激時間は流速や水槽の容量にもよるが10〜30秒程度でよい．刺激後は弁を順応液側に切り換える．ビデオ記録は刺激後もしばらく続ける．また，ビデオ記録時に匂い刺激を開始したタイミングがわかるようにしておく．

⑤ 刺激後の水槽の洗浄：1回の観察（1種類の匂い溶液刺激）の後は，魚を取り出し水槽内を洗浄する．次の観察まで30分以上実験魚を休息させる．

⑥ オス・メスそれぞれ3尾を使って繰り返し実験を行う．

4．結果のまとめ（観察のポイント）

（1）ソフトウェアによるビデオ解析を行い，それぞれの個体・匂いの種類の間で遊泳軌跡と遊泳速度の変化を比較する．

（2）（1）の結果から，餌由来の物質（タウリン・ATP）を与えたときとゼブラフィッシュストレス飼育水を与えたときの行動の変化の違いを明確にする．これにより，ゼブラフィッシュの恐怖行動と索餌・摂餌行動の動きの違いを理解する．

25. 魚類嗅覚応答の測定：魚類嗅覚器の嗅電図（EOG）測定

庄司隆行

1. 目的

　魚類は，嗅覚から得られる匂いの情報を索餌や生殖，逃避，成群などの重要な行動の発現に役立てている．水生生物である魚類の嗅覚器で受容されるのは水に溶けた匂い物質である．従って，陸生動物にとっての典型的な匂い，すなわち有機溶媒に溶けやすく水には比較的溶けにくい物質は，多くの場合，魚類にとっては匂いとして受容されない．これまでの研究から，魚類の嗅細胞が持つ匂い受容体は，アミノ酸類および関連物質・胆汁酸類・ステロイド類・プロスタグランジン類・核酸関連物質などに対するものが主であると考えられている．

　ここでは，魚類の中でもストレスに比較的強く実験に供しやすいニホンウナギを用いて，どのような匂い物質がどのような強度の匂い応答を誘起するのかを電気的測定により観察し，魚類の嗅覚応答の性質を理解する．

2. 解説

　脊椎動物の匂い受容器である嗅細胞は双極型のニューロンで，この一端の樹状突起先端が嗅粘膜表面から露出し，露出部分（嗅小胞）にある線毛（嗅線毛）または微絨毛上に存在する匂い受容体により匂い分子が受容される．匂い分子が受容されると嗅細胞の細胞膜は脱分極を起こし，細胞体の軸索小丘から伸びる軸索では信号が活動電位として伝えられ，嗅覚の一次中枢である嗅球の僧帽細胞などとシナプスを形成して匂い情報が伝達・処理される．従って，匂い応答の測定部位としては，①嗅細胞，②軸索（嗅神経），③嗅球，④嗅索（嗅球からの出力側の軸索束）などがある．

　匂い応答の測定法としては，単一の嗅細胞や僧帽細胞の電気的応答の測定（パッチクランプ法や細胞内記録），膜電位感受性色素や細胞内カルシウム測定色素などを用いる方法，軸索束からの活動電位（群）の細胞外記録，嗅球での誘起脳波の測定などがあり，それぞれ目的により使い分けられる．本実験では，種々の匂い刺激に対するなるべく多くの嗅細胞の応答（受容器電位）を記録することを目的とするので，多数の嗅細胞が分布する嗅粘膜表面からの嗅電図；Electroolfactogram（EOG）測定を行う．EOG記録は，①嗅細胞の匂い受容膜の電位変化を粘膜表面の比較的広い範囲から記録するものである．通常，匂い刺激によってゆっくりした陰性の電位変化が記録される．魚類の場合，陸生動物の場合と異なり嗅粘膜は常に水中にあるので，特にUnderwater EOGとよばれることもある．

　魚類のEOG記録においては，匂い物質はすべて水溶液として与えるので，匂いの濃度のコントロールが気体刺激の場合と比較して格段に容易である．しかし一方で魚類のEOG記録には短所もあり，粘膜に近づけた電極先端の周囲が，たとえば海水のように電気抵抗が低い場合には十分大きな電位変化を記録することができない．海水魚の場合などは，②軸索（嗅神経）からの細胞外記録や③嗅球からの誘起脳波の測定を行うべきである．ただしこの場合は，受容器電位を直接ではなく間接的に測定することになる．

　なお，電気的測定法に関する基本的な電気理論や使用機器の詳しい解説は，神経生物学や電気生理学関連の他の書籍を参照されたい（たとえば，B. オークレー・R. シェーファー（著），小原昭作・丸井隆之・長井孝紀（監訳），1986．実験神経生物学．東海大学出版部）．

3. 材料と方法

（1）材料
　　ニホンウナギ養殖魚または野生魚（雌雄の区別はしない）で魚体を固定しやすい体長の個体

（2）実験器具
　　①実験水槽および魚体・頭部固定具，鉄板，テ

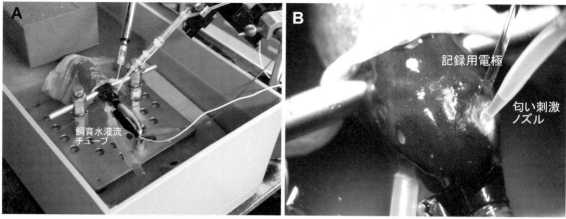

図1 A：固定具で魚体を固定し，前鼻孔と後鼻孔の間の蓋部を切除して嗅房を露出させ，口から鰓へ人工池水（APW）を灌流させる．
B：記録用電極と匂い刺激ノズルを写真のように配置・固定する．

ニスボールなど．
② 記録電極用および参照電極用マイクロマニピュレーター（NARISHIGE 社製など）．
③ マニピュレーター子固定用マグネットスタンド．
④ DC 前置増幅器（A-M Systems 社，Dagan Corporation，World Precision Instruments 社など多くのメーカーの製品がある．自作も可能である）．
⑤ デジタルオシロスコープ（テクトロニクス社，IWATSU ELECTRIC 社など多くのメーカーの製品がある．また，パーソナルコンピューターで制御・記録する製品も多数ある．ADInstruments 社の PowerLab のように電気生理学に特化した製品も多くある．）EOG はゆっくりした DC の変化なので，早い現象を観察・記録するためのオシロスコープは必要ない．
⑥ ガラス微小電極作成用プラー（NARISHIGE 社製など）．
⑦ ø1 mm～ø1.5 mm のガラス管．
⑧ 電極用ホルダー（NARISHIGE 社製またはアクリル製丸棒および PE チューブなどで自作する）．
⑨ 信号導出用の銀線および各種同軸ケーブル類，BNC コネクターなど．
⑩ 匂い刺激溶液を入れる PE 製などのプラスチック瓶（マリオット瓶）．
⑪ 刺激用のチューブ類，三方活栓（または水溶液を流すことができる 2 ポート電磁弁）および呼び水用のシリンジ（50 ml 以上）．

〈試薬等〉NaCl，KCl，$CaCl_2$，$NaHCO_3$，Gallamine triethiodide，L-グルタミン酸ナトリウム（MSG），L-システイン，ベタイン，タウリン，アデノシン三リン酸（ATP）．ただし，匂い刺激として用いるアミノ酸類の種類は適宜増やしたり変えたりしてもよい．

（3）実験方法

まず，Gallamine triethiodide（0.2 mg/100 g Body weight）を筋肉注射により投与し不動化する．ウナギが暴れる場合は，フェノキシエタノールかクローブオイルで軽く麻酔するか氷冷するなどしてから注射を行う．図1Aに示すように，実験水槽の中に魚体固定具を入れ，魚体の鰓から後はスポンジなどで固定し，ステンレス棒を口から消化管へ挿入して上下顎を固定するとともに左右の鰓の上部をラット用イヤーバーにより圧迫することにより頭部を完全に固定する．Gallamine は一般的な生理食塩水に溶かして投与し，実験中に魚が動き始めたら再度注射する．魚体不動化後はエアレーションした飼育水を常に口から鰓に灌流し続ける．水温は通常の室温でかまわない．この状態で，メスや精密ピンセットなどで前鼻孔と後鼻孔の間の蓋部を切除して嗅房を露出させる．出血する場合が多いので，脱脂綿やスポンゼル（止血用ゼラチ

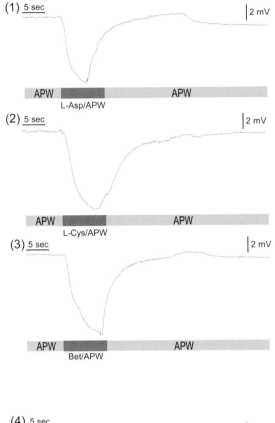

図2 各種 L-アミノ酸（10^{-3} M）刺激に対する養殖ウナギ嗅覚応答（EOG）
(1) L-Asp, (2) L-Cys, (3) Bet, (4) L-Thr

ンスポンジ）などで圧迫止血し，生理食塩水で洗って血液の塊が嗅房周辺に残らないように注意する．また，魚体と固定具を，注射針などを用いてグランドに接続しておく．空気中に露出する魚体の部分はキムタオルなどで濡らして乾燥を防ぐ．

① 順応液として嗅房を灌流する人工池水（APW）の組成は，0.5 mM NaCl; 0.05 mM KCl; 0.4 mM $CaCl_2$; 0.2 mM $NaHCO_3$ とし，マリオット瓶を使って匂い刺激ノズル（図1B）から流す．流速は，水流によって嗅板が揺れたりしない程度に抑える．

② 匂い刺激溶液の調製：1 mmol/l MSG, L-Cys, ベタイン，タウリン，ATP を，すべて APW の溶媒として調製し各マリオット瓶に入れておく．滅菌していないこれらの溶液は容易に腐敗するので用時調製とする．三方活栓あるいは電磁弁を使って①の順応液とこれらの匂い刺激溶液を切り換えることができるようにチューブを接続する．

③ ガラス細管を電極作成用プラーで引き，注射筒と PE 細管等を利用して電極内に 3M KCl 水溶液を充填する．電極先端から液が漏れだしてくる場合は，充填溶液を3%寒天で固化させてもよい．DC 前置増幅器のプローブに接続した塩化銀化した銀線を記録用電極（参照電極）に挿入する．

④ 鉄板上のマグネットスタンドに固定したマイクロマニピュレーターを操作し，嗅房の中央付近（raphe の真ん中付近）に記録用電極の

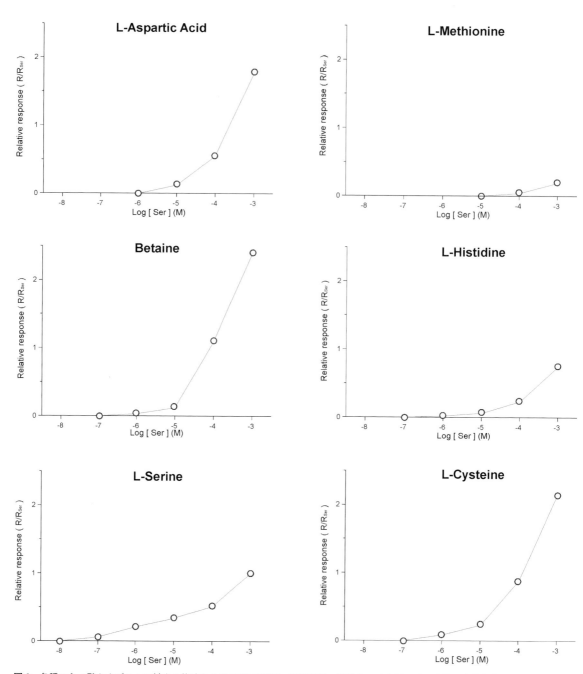

図3 各種アミノ酸および Bet に対する養殖ウナギ EOG の濃度－応答曲線．縦軸は，10^{-3} M L-Ser 応答の大きさを1としたときの相対応答値を示す．

先端を固定し，粘膜ぎりぎりまで接近させる．参照電極を使う場合は，露出させた嗅房の周辺部にごく軽く接触させる．オシロスコープあるいはコンピューター上の電位変化を観察しながら，増幅器の DC オフセットダイヤルを回して0電位に合わせこむ．このときノイズがのっていたりドリフトしたりしている場合は，魚体や鉄板，マグネットスタンドなどがグランドに接続されているかを確認し，できれば測定セット周辺を金網などで作った電

磁シールドで囲む．
⑤匂い刺激溶液の放出：波形が落ち着いていることを確認したら信号の記録を開始し，1分程度記録した後に弁を順応液（APW）から匂い刺激溶液側に切り換える．刺激時間は10秒程度とする．刺激後は弁を順応液側に切り換え，記録は刺激後もしばらく続ける．また，信号記録時の匂い刺激開始と終了のタイミングがわかるようにしておく．EOGが測定されていれば，図2のような波形が記録される．複数の異なる匂い刺激に対してまったく電位の変化を示さなかった場合は，電極先端の位置を少しずつ移動させて匂い刺激と記録を行ってなるべく大きな電位変化を示す位置を探す．
⑥匂い刺激のインターバル：1回の匂い刺激の後は，3分以上順応液を流し続けて嗅房を洗う．インターバルが短すぎると嗅細胞の疲労が起こり正常な匂い応答が発現しなくなる．各ニオイ物質について最低3回ずつの測定を行う．匂い応答の大きさの個体差を考慮して最低でも3尾の異なる個体を用いて実験を繰り返す．
⑦各ニオイ物質溶液の希釈系列：それぞれの匂い刺激溶液の10，100，1000……分の1濃度の希釈系列を作り，同様にEOGを記録する．これにより，各匂い物質に対するウナギ嗅覚応答の濃度－応答曲線が作成できる（図3）．

4．結果のまとめ（観察のポイント）

（1）各匂い物質に対するEOGの大きさにどのような違いがあるか．
（2）各匂い物質の濃度－応答曲線を比較し，応答閾値濃度にどのような違いが見られたか．
（3）ウナギの索餌・摂餌行動を誘発する餌由来の匂い物質とEOGの大きさとの関係について考察する．

26. 神経線維の可視化：魚類嗅神経の蛍光色素染色によるトレーシング

庄司隆行

1. 目的

　神経系の様々な機能の生理機構を明らかにするにあたって，神経線維の走行を可視化してそのネットワークの三次元的位置情報を得ることは，末梢神経系，中枢神経系を問わず大変重要なことである．神経線維を可視化するためには，何らかの方法で神経細胞を標識してやる必要がある．

　可視化するために神経細胞を標識する方法は数多く開発されているが，ここでは，最も容易に標識することができ in vivo でも in vitro でも使うことができる蛍光プローブであるカルボシアニン系蛍光色素を用いて魚類嗅神経の可視化を行い，嗅上皮上での嗅細胞の分布様式や嗅球の糸球体の空間的配置等を高等脊椎動物のそれらと比較し，その違いを理解する．

2. 解説

　カルボシアニン（carbocyanine）の誘導体のうち，炭素鎖の長いものは高い脂溶性を持つため細胞膜の脂質層に取り込まれると脂質層のみを拡散する性質を持つ蛍光プローブである．しかも極めて安定で強い蛍光を放つため，順行性および逆行性神経トレーサーとして神経科学分野では以前から広く用いられてきた．たとえば坂田らは，ヒメジ科魚類の触鬚における味蕾の神経支配について DiI（1,1'-Dioctadecyl-3,3,3',3'-Tetramethy lindocarbocyanine perchlorate；励起波長：510-560 nm，蛍光波長：575 nm）を用いた観察を行っている［日本味と匂学会誌 6(3) 511-514 (1999)］．

　本法は in vivo だけでなくホルムアルデヒド固定後の標本にも適用できることも大きな利点であるが，脂溶性という性質を用いた染色のため，細胞膜の脂質層に影響を与える有機溶媒固定（エタノール等）後の試料には適用できない．更に，色素の脂質層の拡散には時間がかかるため，大きな試料（長い神経線維）の標識には，数週間～数か月かかることもある（本実験ではなるべく短い軸索長の嗅神経を持つ魚種を用いる）．また，脂質層を拡散するためほとんどの場合シナプスを越えた標識はできない．

　本実験では，カルボシアニン系蛍光色素のうち DiI だけを用いた可視化を行うが，よく用いられるカルボシアニン系蛍光色素には励起波長および蛍光波長のピークが異なるものが複数市販されているので，適当な組み合わせで1つの試料に二重染色を施すことも容易である．たとえば，嗅球の嗅神経側から順行性に DiI で染色し，嗅索側から逆行性に DiO（3,3'-dioctadecyloxacarbocyanine perchlorate；励起波長：484 nm，蛍光波長：501 nm）や 4-Di-10-ASP（4-(4-(Didecylamino)styryl)-N-methylpyridinium iodide；励起波長：450-490 nm，蛍光波長：505 nm）などの色素で染色してやれば，糸球体の嗅神経と僧帽細胞のシナプス前後で神経線維を染め分けることができる．

　前述のように，長い神経線維を標識するためには長い時間が必要となるので，ここでは大きな嗅覚器と嗅球を持つ板鰓類等は用いず，固定後の試料の摘出の容易さも考慮してニホンウナギ Anguilla japonica とニジマス Oncorhynchus mykiss を材料とすることとする．

3. 材料と方法

（1）材料
　　ニホンウナギ野生魚または養殖魚およびニジマス養殖魚（雌雄の区別はしない）
（2）実験器具
　　①灌流固定や試料組織の摘出に用いる PE チューブ，精密ピンセットやメスなど，②ペリスタルティックポンプ，③インキュベーター（恒温器），④ビブラトーム，⑤スライドグラスおよびカバーグラス，⑥蛍光顕微鏡または共焦点レーザー顕微鏡など
〈試薬等〉4％パラホルムアルデヒドおよび2％グル

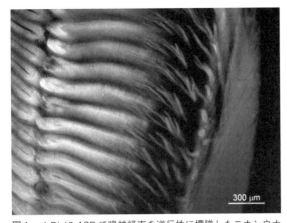

図1　4-Di-10-ASPで嗅神経束を逆行性に標識したニホンウナギ嗅房（部分）
嗅板表面全体に嗅細胞が分布し，嗅細胞の軸索が嗅板外側の基部に向かうに従って集合して太い神経束となっているのが観察できる．

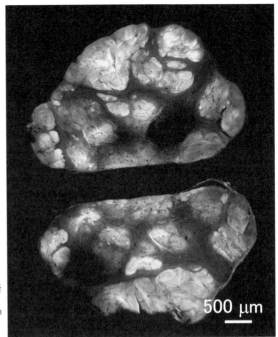

図2　DiIで嗅神経束を順行性に標識したホラアナゴ嗅球冠状断切片
DiIによって赤く標識された部分が，嗅球入力部から300μmの部位の糸球体群で哺乳類の嗅球糸球体の配置とは異なることがわかる．ニホンウナギもホラアナゴとほぼ同様の配置を示す．

タルアルデヒド（100 mMリン酸緩衝液 pH 7.4），寒天，DiI（Molecular Probes社など），カバーグラスを封じるためのマニキュアなど

(3) 実験方法

　実験に用いるニホンウナギおよびニジマスは，入手しやすい体長の個体を用いる．極端に小さな個体は灌流固定が難しいので避ける．ここでは固定後の試料に蛍光プローブによる標識を施すので，入手した試魚はまとめてすみやかに固定標本とし，4℃で保存して適宜使用する．

① 試魚の固定：試魚をクローブオイルや2-フェノキシエタノールなどで麻酔した後，魚体の腹部を切開して心臓を露出させ，動脈球にPEチューブを刺入して縫合糸などでしばって固定し，腹大動脈側に向かって固定液（4%パラホルムアルデヒドおよび2%グルタルアルデヒド）を灌流させる．灌流にはごく低速で固定液を流すことができるペリスタルティックポンプを用いる．このとき，心室にメスなどで切れ目を入れて血液を排出させ，血液が完全に固定液に置換されるのを確認する．

② 嗅房および脳の摘出：血液が完全に固定液に置換され魚体が硬直したのを確認した後，嗅覚器および脳を含む頭部を切り落としてすみやかに同じ固定液に移し4℃で一晩浸漬固定する．その後，頭部から嗅房および嗅球を摘出し，新しい固定液に移して4℃で保存する．両魚種とも比較的長い嗅神経束を持つので，嗅房および嗅球を摘出する際は，嗅房と嗅球の中間付近で切断して別々に摘出してもかまわない（嗅上皮上のどの部位の嗅細胞が嗅球のどの部位の糸球体に軸索を伸ばしているのかを観察するような場合はもちろん切断してはならない）．

③ 寒天包埋：同じ固定液で希釈した3%寒天を加熱・溶解させて適当な容器（試料の大きさにあったもの）に入れ，40℃付近まで温度が下がった後に嗅房および脳を入れて包埋する．試料を固定液から取り出す際は，試料に固定液がなるべく付着しないよう慎重に拭き取る．試料を寒天中に入れる際は，容器の下にクラッシュアイスを敷くなどして底面側をある程度固化させておいて投入すると必要以上に試料が沈み込まない．またこのとき，後で寒天ブロックをトリミングすることを考慮して試料の向きなどを調整し，同時に試料のまわり

に空気の泡が付着するのを極力防ぐ．魚類の嗅房は嗅板が狭い間隔で並んでいることが多く，この隙間に泡が残ることがよくあるので注意する（泡が多いと切片作製の際に試料が動いて失敗することがある）．完全に固化し，適当な大きさのブロックにトリミングした後固定液に戻す．この試料は4℃で長期間保存が可能である．

④ DiIの投与とインキュベーション：寒天ブロック中の嗅房から出ている嗅神経束がなるべく短くなるように鋭いカミソリなどで寒天ごと切断する．脳の寒天ブロックも同様に嗅球から出ている嗅神経束がなるべく短くなるよう嗅球への入力直前で切断する．両者とも，嗅神経束および寒天の断面に付着した固定液を慎重に拭き取り，DiI結晶の小片またはDiI結晶をDMSOや流動パラフィンに懸濁させたものを神経束断面に付着させる．次に，包埋に使った3％寒天をその上から滴下してDiIを完全に封入する．このとき，DiIがブロックの中やまわりに飛び散らないよう注意する（ごく微量でも強い蛍光を発して観察の邪魔になる）．ブロックを新しい固定液に移し，37℃で1週間以上インキュベーションして色素を拡散させ，嗅房中の嗅細胞（嗅神経）および嗅球入力部から糸球体の嗅細胞軸索を完全にDiIで標識させる．

⑤ ビブラトームによる切片作製：嗅房試料は嗅板の配列がよくわかるように水平に，嗅球試料ブロックは矢状断切片となるようにブロックをビブラトーム試料台にアロンアルファなどで固定し，50μm程度で連続切片を作製する．切片は順序と向きがわからなくならないよう注意してスライドグラス上に並べ，カバーグラスを被せた後に縁をマニキュアなどで封じて乾燥を防ぐ．DiIをはじめとするカルボシアニン系蛍光色素は退色しにくいので，この状態で長期間保存・観察できる（図1, 2）．

⑥ 蛍光像観察：蛍光顕微鏡，共焦点レーザー顕微鏡などで観察する場合，観察や画像撮影は顕微鏡を制御するコンピューター上で行うことがほとんどである．付属する（あるいはオプションの）ソフトウエアが観察したい領域の連続切片像の整列（アライメント）を自動で行い画像スタックを作成して3D像に再構成してくれる．また，Image-Jなどのフリーソフトウエアも非常に役に立つ．実験に使用する顕微鏡システムにそのような3D像再構成機能がある場合はそれを用いる．

4. 結果のまとめ（観察のポイント）

(1) ニホンウナギとニジマスの嗅房，嗅球の蛍光像を比較し，それぞれ嗅細胞の分布，糸球体の空間的配置に違いがあるかどうかを明らかにする．

(2) 本実験で用いた硬骨魚類の嗅球糸球体の空間的配置を文献にある哺乳類のそれと比較する．

27. 実験データの活用方法 ―――――――――― 大西修平

1. はじめに

　自然科学の推論には，2つの形式―「演繹」と「帰納」―が知られる．たとえば，基礎化学・力学・電磁気学など，基礎研究が充実している分野では，原理や法則から新しい知識を掘り起こす．また知識を応用して，医薬品や機器など，新たに実用的なモノを創り出せる．これらは主に演繹の手順による．海洋生物学の話題に移ろう．海洋生物学では原理や法則など，揺るぎない自然の仕組み（それらは単純なルールである）が整っているか？　この点に注目しよう．海の広さと複雑な生態系は，海の象徴である．海水，波，風，熱，圧力，光をはじめ，海では理科の幅広い知識が結びつく．そしてプランクトン，魚，海鳥，哺乳類など海の役者たちの生き様は，海洋生物学の関心事である．海の化学／物理的環境の厳しい変動を生きぬく，生き物の知恵と工夫に興味が集まる．たとえば「魚の回遊ルート」について．回遊ルートをコントロールする自然の仕組みは複雑である．いいつたえ，経験，そして原理だけで，ルートを特定することは無理だろう．海の自然の仕組みは，人間にとって不規則で不確実で，同じことが再び起きる保証はない．まるでサイコロを振るようである．一度だけでなく，何度も生物調査と観察を繰り返し，積み重ねた情報から正解を浮き彫りにする．調査・採集・観察をベースとする海洋生物研究では，演繹に比べて，この帰納的方法を多用する．学生はぜひ，帰納的な思考や方法を意識しておいてほしい．

2. 目的

　採集と観察結果には生物情報が詰まっている．データを帰納的に扱い，個体差・多様性・変異の理由が明かされる．ここでは帰納的な思考と相性のよい「統計学」を知ろう．統計学の学術体系は日々進歩している．すべてを一度に知るのは無理であるから，最小限の重要な知識に絞ろう．

3. 解説

初歩的な話題

　まずデータ形式を「離散値」・「連続値」の2タイプに分ける．離散値は0, 1, 2, …と指折り数える量である．漁獲した魚の数，生物の遭遇に成功（失敗）した回数など，これに当たる．一方，連続値は魚のサイズ（長さ・重量）や，遭遇までの時間の長さなど，MKS単位系の量と考えればよい．確率の関数にも関連するので，「離散値」・「連続値」の区別は習慣にしてほしい．

- 確率分布：データの測定値に見られる個体差や変異をはじめ，"不規則性を定義する数式"が確率分布である．観測データの2タイプに対応して「離散型分布」・「連続型分布」に区別される．
- 代表的な「離散型分布」：（ポアソン分布）（二項分布）（多項分布）（負の二項分布）

　この機会に確率分布の式を見ておこう．式の形が最も簡単なポアソン分布から説明する．

（ポアソン分布）：$p(x) = \dfrac{\lambda^x e^{-\lambda}}{x!}$ $(x = 0, 1, 2, \cdots)$

　$x = 0, 1, 2, \cdots$は回数や匹数にあたる確率変数である．xを式に代入すれば確率が計算できる．左辺$p(x)$は確率を意味している．さてλは離散的事象の発生を特徴づける母数（parameter）とよぶ．確率の計算式はこのように「母数」と「確率変数」からなる．確率分布の種類が違っても，この2つの要素は必ず計算式に含まれる．ポアソン分布の唯一の母数λは確率変数（回数や匹数）の起こりやすさを調節できる．λは期待値にあたる．たとえば，海に潜ってある種類の魚を探すとき，遭遇しやすさ／しにくさを規定する定数がλになる．言い換えると「平均的な遭遇回数」を与える情報である．ポアソン分布については「稀にしか起きない事象の回数や発生確率を扱う分布」と書かれたテキストが多い．しかしこのことは，次に登場

する二項分布とポアソン分布の相互関係（少数の法則）を強く意識しすぎた記述であるので，特に「稀にしか起きないこと」に限定する必要はない．ポアソン分布がふさわしい場面をあえて挙げれば，母数 λ（発生回数の期待値）が具体的に扱える場合と理解しておけばよい．

(1) 二項分布：高校の教科書に登場する「赤玉・白玉の入った箱から玉を取り出す問題」，「コインを投げて表か裏が出る回数」，このような二者択一の話題を扱う確率分布が二項分布である．ただこの事例はポアソン分布でも扱えることに気付くだろう．「コインの表が出る回数」「赤玉が出る回数」のように，特定の事象の回数に注目すれば，ポアソン分布を使ってもよい．二項分布はポアソン分布と異なり，赤玉／白玉の比率，コイン表／裏の比率のように，比率が明示的な母数（parameter）になっている．従って，比率の情報を積極的に利用して，発生回数の不規則性を分析したい場合，確率分布は二項分布が望ましい．

(2) 多項分布：これは上の二項分布を拡張しただけの形態である．赤玉・白玉以外に，黄玉・青玉など多種が入っている場合の問題に使う．身近には，サイコロの目の出方 $(1, 2, \cdots, 6)$ の不規則性を調べるとき，確率分布は多項分布となる．別の見方をすれば，多項分布の特殊な場合が二項分布である．

(3) 負の二項分布：二項分布でお馴染みの「赤玉・白玉」，「コイン表・裏」は，着眼点を少し変えることができる．「赤球が 10 個出るまでの白玉の個数 x」言い換えると「成功が特定回数に達するまでの失敗の回数」という具合である．この試行は一見，二項分布で表せば済みそうである．しかし理論上は別の新しい形式，負の二項分布で扱わなければならない．負の二項分布の数式を変形すると，"二項分布に酷似した形"になることが知られる．しかし完全には一致しないのである．科学では「似ている」という印象だけでは許されないテーマもある．そんなことも知っておこう．負の二項分布は生物研究に広く応用できる．生物の空間分布の均一性や偏りを論じるとき，この確率分布はとても役に立つ．

(4) 代表的な「連続型分布」：（正規分布）（対数正規分布）

これらは連続値を扱う分布である．離散型分布と同様に，定義式を使って確率を計算できる．しかし離散型分布との違いは，確率計算に積分が必要になるという点である．離散型分布では積分計算は必要ない．ただし実用上は積分の知識は不可欠ではない．実際には統計処理の多くが，PC とソフトウェアの使用を前提とするからである．手間の掛かる計算は PC に任せ，ユーザは"データの特徴に応じた適切な手法の使い分け"に集中しよう．

(5) 尤度と最尤推定量：確率 $p(x)$ は母数と確率変数から構成されることを説明した．ここであらためて母数を θ としよう．θ は様々な種類の母数を 1 つの記号にまとめたものである．厳密には $p(x|\theta)$ と表す．さて x が観測値であるのに対して母数 θ は未知数である．θ は x を利用して推定しなければならない．たとえばデータの値の総和をデータ数で割れば平均値になることは経験的に知っている．これは「x を使って θ を求める」手順の身近な例なのである．この手順を一般化するために，尤度，最尤法，最尤推定量といった概念が必要になる．

(6) 尤度と対数尤度：既知の x を固定し，確率分布を未知数 θ の関数として書き換えたものが尤度（likelihood）である．尤度は $L(\theta)$ と表現し定義は以下の通りである．

$$L(\theta) = \prod_{i=1}^{N} p(x_i|\theta)$$

N はデータの観測数（標本数）で，尤度は確率分布をすべて掛け合わせた値になる．$p(x_i|\theta)$ の関数の形が複雑になると，掛算結果は非常に複雑な形で扱いにくい．そこで対数をとれば，和で扱えることに注目する．$\log L(\theta) = \sum_{i=1}^{N} \log p(x_i|\theta)$ という具合である．この $\log L(\theta)$ を対数尤度（log-likelihood）とよぶ．対数尤度は未知数 θ の推定の手掛かりになる量である．

(7) 最尤法と最尤推定量：最尤法（maximum likelihood method）は $\log L(\theta)$ を θ について最大化し，θ を推定する手順である．対数尤度の最大値に対応する θ を，特に区別して θ^* と表記

することが多い（*はスターと読む）．この θ^* が最尤推定量である．最尤推定量は，観測データから帰納的に推定できる，最も適切な母数にあたる．最大値を求める際には，高校で学習する微分法を使う．高校数学は初歩的な単元だけでも復習しておきたい．

発展的な話題

ここからは確率分布の応用について説明しよう．海洋生物研究は因果関係を取り上げる場面が多い．たとえば，潮境に魚が集まり漁場ができる理由は何か？　魚卵のサイズの大小を決める条件は何か？　など「理由・条件・原因」は，研究を進める動機になりやすい．もちろん多くは難問であるが，卒業研究からプロの研究まで，「原因」に向かう姿勢は共通である．冒頭の説明の通り，ここで帰納的方法が活用される．

「因果関係」には「原因」と「結果」があるので，潮境と漁場の例なら，たとえば「海流の作用のなにか」が原因，「魚の密度」が結果である．両者を結ぶ統計手法は「回帰分析」の名で知られる．回帰分析は，ほとんどの統計学のテキストで目にする，古くからの研究の道具である．各自，読みやすい解説で勉強しよう．そしてここでは，古典的な回帰分析の拡張として，最近よく使われるGLM（Generalized linear model; 一般化線形モデル）を取り上げる．GLMはいうまでもなく回帰分析の一種で，「因果関係」を調べる道具であることに変わりがない．ただしGLMは従来の回帰分析の制約を取り払った，自由で柔軟な道具である．

まず事例を示す．次の表1は実験データである．濃度を変えた薬物を投与し，生物の死亡率の変化を調べた記録である．毎回30個体を実験に使い，個体ごとに結果（生残・死亡）を確認している．濃度が高くなるにつれて死亡率が増加している．因果関係は，薬物濃度が原因，死亡率が結果である．生残・死亡は，コインの表・裏の出方に対応する．実験をコイン投げと同じタイプの確率で議論できることがポイントである．全個体30のうち生残数は「離散値」で，もう一方の薬物濃度は「連続値」である．連続値と離散値の間の変化の傾向を，帰納的に調べる問題になっている．死亡率または生残率が，薬物濃度に伴ってどう変化するか，記述できればよい．死亡率（因果関係の結果にあたる）は必ず0と1の間の値をとる．この制約のため，従来の回帰分析はここでは使えない．回帰分析に代えてGLM（Generalized linear model; 一般化線形モデル）を使う．特にこの場合「ロジスティック回帰分析」とよばれるタイプのGLMを使う．

ロジスティック回帰の定義は次の通りである．

$$p = \frac{1}{1 + e^{-\beta_0 - \beta_1 v}}$$

v は薬物濃度，p は死亡率にあたる．また β_0, β_1 は濃度の死亡率に与える影響の強さを規定する定数で，普通は未知数である．従ってGLMの目的は，未知数 β_0, β_1 の推定になる．右辺全体が，ロジスティック関数とよばれ，0と1の間の値をとる．このようにロジスティック関数を使うことで，データの特徴に合う統計分析が行えるのである．

ロジスティック関数は，普通は次のように変形して使う．

$$\log \frac{p}{1-p} = \beta_0 + \beta_1 v$$

左辺のように対数変換することで，右辺の線形

表1　投与した薬物濃度と死亡率の関係

	濃度				
	c_0	$2c_0$	$4c_0$	$8c_0$	$16c_0$
	$\log_2$(濃度／c_0)				
	0	1	2	3	4
死亡数	2	8	15	23	27
個体数	30	30	30	30	30
死亡の割合	0.067	0.267	0.500	0.767	0.900

関係が現れる．このような，実験内容や問題の種類を問わず，共通に使える計算式のことを「モデル」とよぶ．

実用的な話題

実験データと「モデル」がセットで揃えば，帰納的方法の準備完了である．ここから実際の推論が始まる．ただ「実験で測定したデータをどのように処理すればよいのか」また「レポートを書くための具体的な作業はどうするのか」，より具体的な手順について知識が必要である．次の話題は，いわゆる情報処理・統計処理といった内容である．一言でいえば，PC（コンピュータ）とアプリ（アプリケーション・ソフトウェア）の2種類の"機材"を使いこなすスキルが，ここで必要になる．特にアプリの使いこなしのエッセンスを説明しておこう．

新品のPCには，色々なアプリがバンドルされている．ワープロや表計算ソフトはお馴染みである．表計算ソフトには，一般的な統計計算がコマンド登録されているが，新たに海洋生物学に取り組む学生たちには，「統計分析の専用アプリ」の使用を強く勧める．R言語（あるいは単にアール）というネーミングのアプリを聞いたことがあるだろうか？ R言語は世界中にユーザがいる，まさに万国共通の統計処理アプリである．初歩的な実験レポート作成から専門の研究まで，ほとんどこの地球上の統計処理をカバーする"スーパーアプリ"といえる．アプリ開発は常に現在進行形で，そしてアップデートも頻繁に行われる．最先端の分析手法が，貪欲にアプリに採用されるので，最先端の手法で実験レポートが書ける．今あなたは海洋生物学の入門者だとしよう．よい機会だからR言語も習ってみよう．10年後，あなたは海洋生物学研究者になった．やはりR言語は，プロのあなたの研究を支えてくれるツールである．年月は過ぎて40年後，研究成果が評価されて，あなたは学術賞を受賞することになった！ 受賞の研究を支えてくれたのも，やはりR言語であった……と．これは決して大袈裟な話ではない．R言語はそれほど"ヤバい"ツールなのだ．更にもう1つ，とても大切なことを書き忘れてはいけない．R言語はフリーのアプリである．ダウンロードの瞬間，R言語との付き合いが始まる．

R言語のすばらしさは，いくら書いても書き足りないが，先に説明した，GLMの1つのタイプ，ロジスティック回帰分析を，R言語で実践しよう．薬物濃度と死亡率のデータを分析する．R言語では，データを打ち込み，その後GLMの実行命令（コマンド）を打てばよい．以下のようである．

```
> v<-sort(rep(c(0:4),30))
> p<-rep(0,30*5);p[c((1:2),(31:38),(61:75),
    (91:113),(121:147))]<-1
> glm(p~v,family=binomial)
```

1, 2行目はデータ入力のステップ，3行目はロジスティック回帰分析の実行コマンドである．たったこれだけである．3行目を打ち込むと，以下のメッセージが返される（一部省略）．

```
Coefficients:
(Intercept)            v
   -2.324           1.162
Degrees of Freedom: 149 Total (i.e. Null); 148
Residual
Null Deviance:     207.9
Residual Deviance: 143.6           AIC: 147.6
```

未知数 β_0, β_1 の推定結果は -2.324 と 1.162 である．これらの値は，観測データから帰納的に推定された「最尤推定量」にあたる．

最尤推定量を作図して結果を確認しよう．

白丸がデータ，曲線がGLMによる推定モデルである．β_1 が1.162と正の値になることからもわかるように，薬物濃度 v とともに死亡個体の割合 p は増加する．当然の結果ではあるが，薬物に対する反応や応答の強さを，β_1 の値1.162という具体的な結果で扱えることは，帰納的推論の大きな成果と考えるべきだろう．

4. 最後に

ここで扱った帰納的な推論は，海洋生物学の研究での大きな特徴である．よいデータはよい研究に繋がる．品質のよいデータを集める努力と工夫は，常に心掛けてほしい．それとともに，帰納的

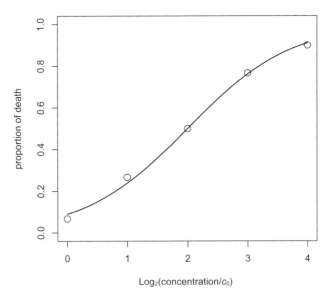

図1　データと推定モデルの関係

方法の新しいジャンルに常にアンテナを張ろう. GLM はじめデータ分析技術は日々前進している. 古い方法にしがみついていては, 研究の前進は期待できない. 手に馴染んだ分析方法をあえて捨て, 新手法を取り入れるくらいの度胸とチャレンジ精神を, 特に将来の研究を支える若い人たちに求めたい. 既往のデータや研究成果は, 1 つの踏み台でしかない. 踏み台を足掛かりに, 海洋生物学のより深い部分に光を照らしてほしい. また実験とデータ分析は作業のワンステップにすぎない. 帰納的な推論の道は, 更に奥へ奥へと繋がる. GLM や統計分析は, その暗い道を部分的に照らす懐中電灯のようなツールである. あとはオリジナリティと独自の発想で, 帰納的な推論を深めてもらいたい.

文献

Cox,D.R. 1970. 後藤昌司・畠中駿逸・田崎武信 (訳) 二値データの解析―医学・生物学への応用―. 朝倉書店, 東京. 225pp.

おわりに

　海洋をはじめとする水圏には様々な生物が生息し，その行動や生態は多くの人々の強い興味を引いてきた．また，記憶のメカニズムにおけるアメフラシの鰓引込め反射や神経興奮におけるヤリイカの巨大神経軸索などの例を挙げるまでもなく，重要な生命現象の研究の発展に対して多くの海洋生物が極めて大きな役割を担ってきた．更に，海洋生物由来の生理活性物質は数多く，創薬や分子プローブの開発につながっている．すなわち海洋生物は，生物学的な興味・研究の対象であると同時に医薬にも貢献する天然資源であるともいえる．

　本書は，様々な海洋生物に興味を持った初学者のみなさんを主な対象にしている．念頭に置いたのは，海洋生物そのものに関する知識を得てもらうと同時に，それらが実験対象としてどのように扱われ，そこにはどのようなおもしろさがあるのかということも理解してほしいということであった．

　みなさんが海洋生物に関する学問を学ぶことになったきっかけは様々だと思う．タイドプールで遊んだ時に見た種々の生物に惹かれた人もいるだろうし，釣りがきっかけで魚に興味を持った人もいるかもしれない．大回遊を行う鯨類や魚類，神秘的な深海生物などは，生物に興味を持つ人にとっては大変魅力的であろう．きっかけはどうあれ，色々な海洋生物を扱った実験や観察，調査を実際に行なうことによって興味は広がると同時に深まり，ひいては広く海洋の生態系を理解する一助になるのではないかと思っている．

　これまでと同様，将来的にも様々な海洋生物が人々の興味の対象あるいは重要な天然資源であり続けるためには，個体レベルの生物学，生態学，海洋の環境科学など，広い分野の複合的な研究を進める必要があることは論を待たない．海洋生物に興味を持つみなさんが，海洋の生態系を理解するうえで少しでも本書が役に立つならば幸甚である．

（庄司隆行）

＊＊＊

　本書は海洋生物を扱う大学での実験科目や調査・研究について，なるべく幅広い分野をカバーするマニュアル書として編集されたものである．実際に本書を学部教育の場で利用することを想定した場合，比較的大人数が一度に受講すること，限られた時間の中で行うこと，入手可能な実験試料が季節により異なることなど，実験内容によって様々な制約のあることには充分注意が必要であるが，海洋生物を扱う多くの実験科目で利用可能な内容となったと思われる．本学の学生諸氏にとって本書は，実験科目を選ぶ際の参考図書として有効に活用できるはずである．

　本書の内容は，生物系の実験書に必ず書かれている定番のものから，本学ならではの実験・研究内容に関することなど扱う分野は幅広い．編集の計画段階から，生物学の諸分野（たとえば発生学・生理学・行動学など）を一通り網羅する実験書の作成を意識してきたが，これは執筆陣の専門性が多様でなければ成し得なかったものと感じている．編集作業の中では，一般的な生物系実験書と内容の差別化が難しい，との意見も複数寄せられた．しかし，特にフィールドの調査・研究（市場調査や調査船調査）に関する項目は，他書にはない独自のものであり，これは執筆者の野外調査の経験が大きく活かされている．このような貴重な経験が本書を通じて伝達されていくことが重要ではないかと考えており，このような視点からも本書をながめてもらえると幸いである．

　最後に，本書は企画段階から様々なご助言を頂いた東海大学出版部の稲英史氏の協力なくして日の目を見ることはなかったと感じている．この場を借りてお礼申しあげる．

（野原健司）

編著者

村山　司（むらやま　つかさ）
東海大学海洋学部教授．博士（農学），東京大学．認知科学，海棲哺乳類学．主な図書に『鯨類学』（東海大学出版会），『海に還った哺乳類　イルカのふしぎ』（講談社），『イルカ』（中央公論新社）ほか．

野原健司（のはら　けんじ）
東海大学海洋学部准教授．博士（生物資源学），福井県立大学．分子生態学．主な図書に『幡豆の海と人びと　干潟2枚貝類の遺伝的多様性』（分担執筆．総合地球環境学研究所）．

庄司隆行（しょうじ　たかゆき）
東海大学海洋学部教授．博士（薬学），北海道大学．動物生理学，動物行動学．主な図書に『魚類のニューロサイエンス』（分担執筆．恒星社厚生閣），『海洋生物学入門』（分担執筆．東海大学出版会）．

田中　彰（たなか　しょう）
東海大学海洋学部 元教授．農学博士，東京大学．資源保全生物学，サメ学．主な図書に『深海ザメを追え』（宝島社），『THE DEEP SEA　日本一深い駿河湾』（分担執筆．静岡新聞社），『資源生物としてのサメ・エイ類』（分担執筆．恒星社厚生閣）ほか．

著者

赤川　泉	東海大学海洋学部教授．博士（農学）．魚類行動生態学，比較行動学．
大泉　宏	東海大学海洋学部教授．博士（農学）．海洋生態学．海棲哺乳類学．
大西修平	東海大学海洋学部教授．博士（農学）．水産資源学．
庄司隆行	（別掲）
田中克彦	東海大学海洋学部准教授．博士（理学）．底生生物学．
田中　彰	（別掲）
中山直英	東海大学海洋学部特任助教．博士（理学）．魚類学，系統分類学．
西川　淳	東海大学海洋学部教授．博士（農学）．海洋生物学，プランクトン学．
野原健司	（別掲）
堀江　琢	東海大学海洋学部准教授．博士（水産学）．魚類生態学，環境化学．
村山　司	（別掲）

海洋生物学マニュアル

2019年2月20日　第1版第1刷発行

編著者　村山　司・野原健司・庄司隆行・田中　彰
発行者　浅野清彦
発行所　東海大学出版部
　　　　〒259-1292 神奈川県平塚市北金目4-1-1
　　　　TEL 0463-58-7811　FAX 0463-58-7833
　　　　URL http://www.press.tokai.ac.jp/
　　　　振替　00100-5-46614
印刷所　港北出版印刷株式会社
製本所　誠製本株式会社

© Tsukasa MURAYAMA, Kenji NOHARA, Takayuki SHOJI and Syou TANAKA, 2019

ISBN978-4-486-02112-4

JCOPY ＜出版者著作権管理機構　委託出版物＞
本書（誌）の無断複製は著作権法上での例外を除き禁じられています．複製される場合は，そのつど事前に，出版者著作権管理機構（電話 03-3513-6969，FAX 03-3513-6979，e-mail: info@jcopy.or.jp）の許諾を得てください．